KB072583

초등 자기조절능력의 힘

지능을 뛰어넘는 끈기, 인내, 절제, 선택적 집중력의 힘
초등 자기조절능력의 힘
신동원 지음
길벗

프롤로그

왜 자기조절능력이 점점 더 중요해지는가

자기조절능력이 없는 아기는 먹고 싶으면 먹고, 자고 싶으면 잡니다. 본능에 따라 행동하죠. 그러나 어른은 다릅니다. 당장 배가 고파도 회의가 끝날 때까지 참습니다. 업무 중에 아무리 졸려도 사무실에 자리 펴고 누워서 자면 안 된다는 것쯤은 압니다. 밤새워 영화를 보고 싶지만 내일 중요한 미팅이 있으면 일찍 잠을 청합니다.

내가 처한 상황과 일의 맥락에 맞춰 스스로의 행동과 감정을 잘 조절하는 어른일수록, 목표를 완수하기 위한 계획을 꼼꼼하게 잘 세우고, 그 계획을 실행하며 적절하게 수정할 수 있는 어른일수록 사회적으로 성공할 확률이 높습니다.

이는 단지 머리가 좋은 것과는 다릅니다. 머리가 좋으면 시험이나 과제, 암기를 할 때 유리할 수는 있지만, 상황을 종합적으로 판단하고 그에 맞춰 행동하는 것은 또 다른 차원의 능력입니다. 배고프면 먹고 졸리면 자던 아기가, 자신의 생각, 감정, 행동을 조절할 능력을 갖추는 건 하루아침에 이뤄지는 일이 아닙니다. 그 과정에서 수많은 훈련과 연습, 부모의 섬세한 지도가 필요합니다.

—— 코로나19로 드러난 자기조절능력의 중요성

아이들이 성인에 비해 미숙한 것은 당연합니다. 참을성과 집중력이 약해 유혹에 쉽게 휩쓸립니다. 게다가 지금 환경은 아이에게 그전 세대보다 더 큰 자기조절능력을 스스로 갖출 것을 요구합니다. 이전 시대에는 식구가 많아 모두가 일어날 때 깨고, 먹을 때 따라 먹었습니다. 내가 먹고 싶다고 좋아하는 반찬 전부를 차지하기 어려웠습니다. 한 반에 50명 넘는 학생들을 통솔하기 위해서 선생님들은 학생들에게 엄격하게 대했고 아이들은 집중이 되든 안 되든 숨죽여 수업 시간을 보냈습니다.

그러나 요즘 아이들은 온라인 수업을 들으러 스마트기기 앞에 앉아 있어야 합니다. 온라인 수업은 오프라인 수업에 비해 더 높은 집중력과 이해력을 요구합니다. 게다가 클릭 몇 번이면 더 재미있는 게임 속으로 쉽게 빠져들 수 있습니다. 또한 온라인 수업과 등교 수업이 번갈아 이뤄지며 규칙적인 생활을 하는 데 어려움을 주고 있습니다. 공부하는가 싶더니 게임에 빠져 있고, 아침에 깨워 책상에 앉혀두었더니 금세 다시 곯아떨어진 아이를 옆에서 바라보고 있자니 부모는 답답하고 막막합니다.

'내 아이가 학교에서도 이런 모습인가?'

'앞으로도 계속 이러면 어쩌지?'

'코로나19만 끝나면 다 제대로 돌아갈 거야.'

정말 코로나19가 끝나고 아이들이 학교로 돌아가면 모든 게 이전으로 돌아갈까요? 안타깝지만 그렇지 않을 가능성이 큽니다. 코로나19가 퍼지기 전부터 이미 교육은 온라인화가 진행되고 있었습니다. 온라인 교육의 장점이 많기 때문입니다.

온라인 교육은 시간과 공간의 제약을 뛰어넘어 교육 기회를 확장시켜줍니다. 큰 돈을 내고 유학을 가지 않아도 내 집에서 노벨상 수상자, 아이비리그 석학들의 수업을 들을 수 있습니다. 아프리카든 히말라야든 온라인 접속만 되면 가능합니다. 또한 녹화된 교육 영상을 재생하는 방식으로 교육을 진행할 경우 비용을 크게 아낄 수 있습니다. 기술도 발달해 화면이 끊기지 않습니다. 게다가 온라인으로 소통하며 수업을 할 수도 있습니다.

또한 기술이 빠르게 발달하며 이런 온라인 수업의 수요가 학생에서 성인 대상으로 확대되고 있습니다. 내연 기관 자동차를 만들던 기술자가 이제는 자율주행차량의 기술자가 되어야 합니다. 새로운 전문지식이 생겨나는 속도와 그걸 받아들이려는 니즈가 함께 성장 중이죠.

—— 온라인 세상 속에서 살아가는 요즘 아이들

교육뿐이 아닙니다. 요즘 아이들은 온라인 게임이나 SNS를 통해 친구를 만납니다. 현실보다 더 자신다운 모습은 어쩌면 온라인에 있을지도 모릅니다. 하지만 온라인으로만 친밀한 관계를 맺는 것은 부적절합니다. 게임 속 친구는 금세 사귈 수 있고, 또 금세 사라질 수 있습니다. 온라인 속 상대방이 어른인지, 아이인지 판단할 능력이 아이에게는 없어요. 이건 위험한 일이기도 합니다.

온라인 접속이 흔해질수록 아이는 학교나 학원에서 만나는 친구들과 얼마나 잘 현실적인 관계를 맺을 수 있는지가 더 중요해집니다. 학교 친구들과 어울리기 힘들다고 온라인으로만 파고든다면 아이는 사회성을 기를 기회를 놓치는 겁니다.

아이들은 원래 미숙합니다. 감정을 조절하지 못해 별일 아닌 일로 삐치고 친구와 싸웁니다. 행동을 조절하지 못해 소변 실수도 하고, 충동을 조절하지 못해 공부를 하다 자꾸 딴짓을 합니다. 부모가 도와줘야 할 것은, 이렇게 아이가 실수를 했을 때 스스로 감정, 생각, 행동을 조절할 수 있다는 자신감을 북돋아주고, 어떻게 행동하는 게 옳은지 모를 때 롤모델이 되어주는 겁니다.

—— 초등 저학년까지 자기조절능력을 키워줘야 하는 이유

아직 본격적인 교과과정이 시작되지 않고, 또래 아이들 모두가 미숙한 초등 저학년까지는 아이에게 맞춤법 하나, 구구단 암기보다 이처럼 자기조절능력을 키워주는 것이 중요합니다. 앞으로 자세히 이야기하겠지만, 자기조절능력은 참을성이 아닙니다. 자기조절능력은 어떠한 상황이 닥쳤을 때, 자신의 목표에 다다르기 위해 때로는 참고, 때로는 장애물을 거둬내고, 때로는 적극적으로 대응해 상황을 돌파하는 등 스스로를 콘트롤하는 능력입니다.

과제를 하기 위해 인터넷에 접속하다가 흥미로운 게임 광고가 나타나도, 하려던 일을 잊지 않고 게임 접속을 나중으로 미뤄두는 결단, 지금 당장 놀고 싶지만 수학 숙제를 미리 해놓고 놀아야 마음이 편하다는 것을 알기에 책상 앞에 앉는 결정, 좋아하는 친구지만 나쁜 말을 했을 때 혹시라도 사이가 안 좋아질 수 있지만 "그런 이야기는 안 했으면 좋겠어"라고 말하는 결심 같은 것들이 자기조절능력에 속하죠.

이 자기조절능력이 약하면 아이가 스스로 공부하기 어려워하는 것은 물론이고, 원하는 것이 무엇인지, 목표가 무엇인지 흔들립니다. 그러면 원하는 바를 이룰 수 없겠죠. 아이들이 주도적으로 자신의 삶을 살기 위해서는 자기조절능력이 필수입니다. 살면서 웬만큼 필요한 자기조절능력은 초등 저학년 때 습득할 수 있습니다.

그런데 30년 가까이 진료실에서 만난 부모들 가운데는 아이를 위해서, 아이가 걱정돼서, 아이를 사랑해서, 부모가 미리 겁주고 길을 만들어주고 대신 해줘서, 아이가 스스로 도전하고 성장할 기회를 빼앗는 경우가 많았습니다. 아이의 주도성을 키워준다며 제멋대로 행동하게 해서 문제가 커진 후에 찾아오는 경우도 많았습니다.

자기조절능력에 대해 부모가 미리 알았더라면 막을 수 있었던 많은 문제들을 볼 때마다 안타까움이 쌓여갔고, 이러한 안타까움이 이 책의 탄생 배경이 되었습니다. 이 책은 아이의 자기조절능력이 얼마나 중요하며 어떻게 커가는지, 특히 초등 저학년 시절까지 자기조절능력을 키우려면 부모가 어떻게 생각하고 아이에게 대처해야 하는지 정리했습니다. 아이는 수많은 실수를 반복하며 자라지만, 부모는 실수를 반복하지 말기를 바라는 마음으로 책을 쓰게 되었습니다. 이 책을 읽은 부모가 아이가 성장과정에서 겪는 실수를 함께 극복하고, 새로운 도전을 응원함으로써 소중한 자녀들의 자기조절능력을 성장시키는 좋은 양육을 해나갈 수 있기를 바랍니다.

강북삼성병원 소아청소년 정신건강의학과
전문의 신동원

차례

혼자 공부할 수 있는 아이가 줄고 있다

제1장 · 코로나19로 드러난 자기조절능력 문제

제2장 · 아이의 자기조절능력을 키워주는 법

제3장 · 자기조절능력의 발달 단계

아이의 자기조절능력 연습

제4장 · 자기조절능력 1단계: 감정의 탄생과 감정조절 연습

제5장 · 자기조절능력 2단계:
해야 할 것과 하지 말아야 할 것

제6장 · 자기조절능력 2단계:
끈기, 사회성, 도덕심과 자기조절능력

Part 1

혼자 공부할 수 있는 아이가 줄고 있다

제 1 장

코로나19로 드러난 자기조절능력 문제

01

원격수업에 전혀 집중 못 하는 아이

"우리 애가 이렇게까지 공부에 집중을 못하는지 몰랐어요."

"온라인 강의 듣는 걸 옆에서 보고 있자니 속 터져 죽을 것 같아요."

"밤낮이 완전 바뀌어서 애 얼굴도 제대로 못 봐요."

코로나19가 사람들의 일상을 바꾸었습니다. 매일 학교를 가던 아이들은 집에서 컴퓨터나 태블릿을 놓고 비대면 원격수업을 합니다. 집에서 수업을 받고 숙제를 하는 날이 많아졌습니다. 한두 달이면 끝날 줄 알았던 일상은 1년을 훌쩍 넘기고도 언제 끝이 날지 기약이 없습니다. 모니터와 마주하고 공부하는 날들이 많아지면서 학교를 다닐 때는 몰랐던 아이들의 문제가 하나둘씩 드러나고, 그걸 보고 있는 부모들은 갑갑함을 호소합니다.

온라인 원격수업으로 빚어진 풍경들

아이들은 원격수업을 틀어놓고 스마트폰으로 단톡방에서 수다를 떠는 데 열중입니다. 숙제를 하는 듯하더니 어느새 게임에 빠집니다. 유튜브의 알고리즘에 이끌려 짧은 동영상을 몇 개나 보는지 모릅니다. 재미없는 수업이나 숙제에 집중하기에는 아이 주변에 재미있는 유혹들이 너무 많죠. 디지털 기기와 더 밀접하게 생활하다 보니 유혹을 떨치지 못하고 딴짓을 하게 됩니다.

보다 못해 혼을 내도 그때뿐, 하루만 지나도 어제와 같은 모습입니다. 계속 아이 곁에 붙어 앉아 감시를 할 수도 없고, 그렇다고 부모로서 아이를 그냥 방치할 수도 없으니 진퇴양난입니다.

수업이나 과제에 집중하지 못하는 것은 그래도 문제가 가벼운 편입니다. 아이가 컴퓨터나 핸드폰 같은 디지털 기기를 시간 가는 줄 모르고 사용하다 보면 잠잘 시간을 놓치는 경우가 종종 있습니다. 늦게 잔 다음 날은 잠이 모자라고요. 아침에 일어난 아이는 출석체크만 하고 다시 잠에 빠져듭니다. 이런 날이 반복되면 밤낮이 바뀌어 밤에는 빨리 잠들기가 어렵고 낮에는 맑은 정신으로 뭔가를 하기 어렵습니다. 기본적인 수면패턴이 깨져 하루하루의 일상이 엉망이 되지요.

외출을 못 하고 체육 수업도 없으니 신체 활동도 줄었습니다. 활동량 부족으로 살이 확 쪄서 소아비만 문제가 생기는 아이들이 있는가 하면, 식욕 부진으로 먹는 양이 너무 적어져 영양 결핍 문제가 발생하는 아이들도 있습니다.

디지털 기기를 보느라 수업이나 과제에 집중하지 못하는 아이들, 밤낮이 바뀌어서 온라인 수업에 제대로 참여하지 못하는 아이들, 방 안에만 있으면서 건강 문제가 생긴 아이들을 보며 부모의 마음은 걱정도 되고 화도 납니다. 아이가 학교를 다닐 때는 전혀 예상 못 했죠. 이런 일이 처음이라 부모도 당황스럽습니다. 그냥 두어도 될지, 어디까지 잡아줘야 할지 부모의 고민이 깊어갑니다. 코로나19 사태가 빨리 끝나서 아이들이 학교로 돌아가기만 기다립니다.

그런데 코로나19 사태가 끝나면 아이들과의 전쟁도 함께 끝날까요? 안타깝지만 그렇지 않을 가능성이 많습니다. 왜 그럴까요?

온라인 원격수업이 대세가 된다

코로나19로 원격수업이 불가피한 선택이 되기 전부터 원격수업은 이미 시작되고 있었습니다. 흔히 무크Massive Open Online Course, MOOC라고 칭하는 온라인 공개수업이 대표적인 예이죠. 무크는 경제적, 지리적 혹은 개인적인 여러 가지 문제로 대학을 가지 못하는 사람들을 위해 온라인을 통해 대학 수업을 공개한 것입니다. 오프라인에 캠퍼스를 유지해야 하는 기존의 대학 수업에 비해 훨씬 저렴하고 지리적, 시간적 제약을 뛰어넘을 수 있다는 장점이 있습니다.

더구나 지식의 발전과 변화가 매우 빠른 요즘 세상에서 20대에 대학에서 배운 지식만으로 30, 40, 50대까지 직업을 유지하기는 어렵습니다. 기술과 사회 발전에 맞추어 끊임없이 새로운 지식을 익혀야 하고 개인의 전문성을 업그레이드해야 해요. 그렇다고 다시 대학을 다니기는 부담스럽습니다. 이런 사람들에게 무크는 새로운 지식을 습득하는 매우 효율적인 방법입니다.

이처럼 무크는 공평한 교육의 기회도 되고, 평생 학습의 기회도 될 것이라는 기대를 받았습니다. 2000년대 들어 하버드, MIT, 스탠퍼드 등의 명문 대학들이 무크를 제공하기 시작했습니다. 2012년 〈뉴욕 타임스〉는 '올해의 온라인 공개수업'이라는 기사를 통해 대중들이 아이비리그 석학의 강의를 쉽게 접할 수 있게 되었다며, 무크가 교육계의 가장 커다란 혁신이라고 소개했습니다.

현재는 캠퍼스 없이 온라인만으로 수업을 진행하는 대학도 있습니다. 대표적인 곳이 2010년 샌프란시스코에 설립된 미네르바스쿨Minerva School입니다. 오프라인 캠퍼스가 없고, 전 세계에 흩어져 있는 학생들은 온라인으로 수업을 듣죠. 이 대학은 하버드보다도 들어가기 어렵다고 하며 전 세계의 수재들이 등록합니다.

이러한 흐름은 대학에만 해당되지 않습니다. 미국의 명문 고등학교도 점차 온라인 입학을 늘이는 추세예요. 온라인 고교 순위 1위를 차지한 스탠퍼드 대학 온라인 고등학교Stanford Online High School는 평균 SAT 성적이 1500점을 넘을 정도로 수재들이 모인 곳입니다.

그러던 중 2020년 전 세계가 코로나19와 힘겨운 싸움을 벌이게 되면서 기존의 학교들에서도 많은 것들이 갑작스레 비대면으로 바뀌었습니다. 입학을 미루고 미루던 끝에 결국 학생들은 전통적인 입학식 대신 온라인 입학식을 하게 되었습니다. 서서히 다가올 줄 알았던 미래가 코로나19 때문에 급격히 당겨진 것이죠. 가르치는 사람이나 배우는 사람이나 처음에는 낯설고 서툴렀지만 갈수록 익숙해졌습니다. 기술적인 발전도 빠르게 이루어져서 툭하면 끊기곤 하던 동영상 수업이 제법 매끄럽게 진행되고, 한 번도 접해보지 못했던 원격수업이 이제는 대부분 학생들과 교사들에게 익숙한 형태가 되었습니다.

원격수업의 강점인 비용과 시간의 절약에다 익숙함과 편리함까지 더해지면 코로나19 사태가 진정되어도 과거의 비대면 교육으로 완전히 돌아가지는 않을 거예요. 그러니 온라인을 잘 활용하는 능력이 필수가 된 것이죠.

온라인 사회를 살기 위해 필요한 능력

빛이 있다면 명암도 있습니다. 원격수업도 예외가 아니에요. 장점이 많지만 풀어야 할 숙제도 있습니다. 2010년 초반까지 무크를 대표로 하는 온라인 원격수업은 기존 교육을 대체할 훌륭한 교육 방안이 될 것이라며 각광을 받았습니다. 시공간적, 경제적 제약을 뛰어 넘어 공평한 교육 기회를 제공하는 듯이 보였습니다. 그런데 캠브리지 대학에서 전자교육의 효과를 연구하는 케이티 조던Katy Jordan의 보고에 의하면, 무크에 등록하는 학생이 강의당 평균 4,300명에 달하는 데 비해 강의를 끝까지 듣고 수료하는 학생의 비율은 평균 6.5퍼센트에 불과했습니다. 강의가 길어질수록 이 비율은 더 떨어졌고요.

제프리 세링오Jeffrey Selingo는 무크를 수료한 사람들을 분석해 통계를 냈는데, 이 결과는 비슷한 분야에서 이미 학사 학위를 가진 사람들이 강의를 끝까지 마치는 경우가 더 많다는 사실을 보여줍니다. 무크에서 실제로 혜택을 보는 사람, 그러니까 끈기 있게 수료하는 사람은 이미 학위를 가진 엘리트일 가능성이 많다는 것이죠. 원격수업의 장점을 충분히 누리기 위해서는 누군가 가까이에서 출석을 확인하고 질문을 던져 계속 수업에 집중하도록 도와주지 않아도 스스로 참여하고 알아서 끈기 있게 공부할 수 있는 능력이 필요하기 때문입니다.

여기까지 읽은 부모님들은 "우리 아이는 아직 어린데 대학 강의까지 신경을 써야 하나?"라는 의문이 들 수도 있어요. 무크는 하나의 예일 뿐입니다. 태블릿을 통한 학습 서비스들이 대중화되고 있고, 앞으로는 더욱 촘촘한 디지털 환경에서 공부하게 될 거예요. 일상이 된 원격수업에서 자율적으로 지루한 공부를 해내야 합니다.

학습만이 문제가 아닙니다. 아이들은 디지털 기기를 가지고 놀이를 하고 친구들과 소통합니다. 친구와 어울리다 보면 잘 맞을 때도 있지만 서로에게 화가 날 때도 있습니다. 아날로그 세상에서는 표정과 말투를 보고 빠르게 눈치를 채고 감정을 다스리거나, 소리를 높이고 싸우며 갈등을 해결해갑니다. 그러나 디지털 세상에서는 SNS의 텍스트를 통해 서로를 공격하죠. 말싸움이 몸싸움보다 고상해 보이지만 도가 심하면 더 깊은 상처를 남기잖아요. 요즘은 사이버 폭력도 학교폭력위원회에 회부되어 엄중하게 다뤄집니다. 아이들끼리 손쉽게 성적인 동영상을 공유해서 문제가 되기도 합니다. 이제 아이들은 온라인에서도 넘으면 안 되는 선이 있다는 것을 배워야 합니다. 폭력성과 성적 호기심을 스스로 다스리는 능력을 키워 가야 합니다.

날로 확산되는 디지털 환경으로 인해 우리 아이들은 자기조절능력의 발달을 그 어느 때보다도 강하게 요구받고 있습니다.

02

잘살기 위해 필요한 성공의 조건들

"내 아이가 어떤 어른이 되기를 바라세요?"

여러분은 어떤 대답이 떠오르시나요? 책을 집필하기 전, 부모님들을 대상으로 온라인 설문을 통해 이 질문을 건넸습니다. 진료실에서 만난 부모님에게도 한 질문이지만, 마주 보고 있을 때와는 다른 대답이 나올 수도 있겠다는 생각이 들었죠. 좀 더 많은 분들의 대답을 듣고 싶은 마음도 있었고요.

그렇게 온라인으로 진행한 설문지에는 그동안 제가 진료실에서 들은 이야기와 크게 다르지 않은 말들이 적혀 있었습니다. 진료실에서든, 온라인에서든 부모님들은 아이가 이런 사람이 되었으면 좋겠다고 대답했습니다.

행복한 사람, 선한 사람, 밝은 사람, 현명한 사람, 예의 바른 사람, 건강한 사람, 진취적인 사람, 자신감 강한 사람, 긍정적인 사람, 책임감 강한 사람, 끈기가 있는 사람, 도전적인 사람, 독립심 강한 사람, 주체적인 사람, 자존감 강한 사람.

돈이 중요한 시대인 만큼 '돈 많이 버는 사람' 같은 대답도 나올 줄 알았습니다. 공부 문제로 씨름하는 부모님들이 많으니 '공부' 이야기도 꽤 나올 것 같았죠. 하지만 부모님들에게 공부나 돈은 최종 목표를 이루기 위한 보조 수단 정도로 여겨지는 듯했어요. 결국 부모님들은 내 아이가 커서 자기가 하고 싶은 일을 하며 주체적으로 사는 행복한 어른이 되기를 바라고 있었습니다.

성공의 조건

그런데 성공이란 상당히 주관적인 개념입니다. 그래서 성공의 정의를 내리기는 어려워요. 부모님들이 응답한 설문지를 토대로, 저는 성공한 사람이란 '주체적이고 진취적으로 자신의 인생을 살아가는 행복한 사람'으로 정의합니다.

이 정의에 맞는 사람으로 크려면 아이가 어릴 때부터 차근차근 갖춰야 하는 여러 조건들이 있습니다. 예를 들면 이런 것입니다.

자기 관리력

주체적으로 행복한 삶을 살기 위해서는 스스로를 관리하는 능력이 필요합니다. 시간 관리, 할 일 관리, 돈 관리 등 독립적으로 살아가는 데 필요한 관리 능력이 있어야 합니다. 자신의 건강을 잘 관리하는 것도 능력입니다. 건강을 잘 관리하지 못하면 아무리 다른 능력을 갖추었다고 해도 제대로 발휘할 수가 없죠.

예측력

현재를 관리하는 능력은 미래를 예측하는 능력과 함께 발달합니다. 내가 이런 말을 하면 상대가 어떤 기분을 느낄지, 내가 이런 행동을 하면 어떤 결과가 벌어질지 미리 생각하고 예측하는 힘이 있어야 합니다. 그래야 현재를 관리할 필요성을 느낄 수 있으니까요. 미래에 원하는 것을 얻기 위해 오늘 나의 행동을 관리하는 것입니다.

감정 조절력

함부로 화내는 사람은 아무도 좋아하지 않죠. 우울과 불안에 시달리는 사람은 자기 일에 집중하기 어렵고요. 살다 보면 속상한 일들을 많이 겪게 되는데, 그럴 때 자신이나 남들에게 상처가 되지 않도록 스스로 자신의 기분을 관리하는 능력, 스트레스에 대처하고 긍정적인 마인드를 유지하는 능력이 필요합니다.

학습력

성적은 변화가 있습니다. 초등학교 우등생이 고등학교 우등생이 된다는 보장도 없고, 초등학교 열등생이 고등학교 열등생이 된다는 공식도 없어요. 초등학교 시절 성적은 사실 부모의 노력이나 학원을 열심히 보내는 것만으로도 상위권이 될 수 있습니다. 특히 학원 선생님은 아이들이 알아듣기 좋게 설명해줍니다. 게다가 시험 전에는 중요한 것을 골라 달달 외우도록 시킵니다. 마치 음식을 소화하기 쉽게 푹 익혀서 죽처럼 만들어 먹이는 것과 같죠. 그러나 중학교에 가서 공부량이 많아지면 더 이상 그런 식으로 공부해서는 성적이 잘 나올 수가 없습니다.

성적보다 중요한 것은 공부를 대하는 자세입니다. 이 자세가 곧 능력이에요. 적절한 때 '왜?'라고 의심할 수 있는 능력, 의문을 풀기 위해 스스로 찾아볼 수 있는 능력, 공부를 계획하고 실행하는 능력, 끈기 있게 집중하는 능력, 이런 능력들을 키워줘야 합니다.

참을성

순간적인 충동을 참아내는 능력으로, 집중력이나 몰입과는 조금 다릅니다. 예를 들어, 지금 당장 뛰어놀고 싶어도 수업 시간이 끝날 때까진 자리에 꾹 참고 앉아 있을 수 있어야 합니다. 친구의 새 스마트폰이 탐난다고 해도 무턱대고 가로채거나 가방에 몰래 넣고 싶은 마음을 누를 줄 아는 능력을 가져야 합니다.

사회성

많이 어릴 때는 부모가 관여해서 관계를 만들어줄 수도 있지만 초등학교 3학년만 넘어가도 아이가 직접 해야 합니다. 스스로 친구를 만들 수 있는 능력, 적을 만들지 않을 사회성이 필요합니다. 주변에 함께하는 사람이 없으면 행복은 물론이거니와 성공에 다가가기 어렵습니다.

자존감

주변에 휘둘리지 않고 주체적으로 살려면 자존감이 있어야 합니다. 자존감은 남보다 잘나거나 뭔가를 잘할 때 생기는 것이 아닙니다. 남과 비교해서, 남보다 잘해서 생기는 자존감은 오래 가지 못하죠. 경쟁에서 졌을 때, 실패했을 때 처참하게 무너질 수 있습니다. 진정한 자존감은 자신의 존재 자체를 긍정하는 것만으로도 충분합니다. 어제보다 잘한 나를 칭찬하고, 혹여나 실패해도 괜찮다고 스스로 다독이고 일어날 수 있어야 해요. 이런 자존감이 있어야 위기가 닥쳐도 든든히 버텨내고 실패를 극복할 수 있습니다.

자기조절능력이 그 핵심입니다

지금까지 이야기한 성공의 조건들에는 공통점이 있죠. 한마디로 말하자면, 자기 자신의 생각과 감정, 행동을 스스로 조절하는 능력이라는 거예요. 인지심리학자인 앨버트 반두라Albert Bandura는 자기조절능력이란 자신이 세운 목표에 다다르기 위해 자신의 생각, 행동, 감정을 조절하는 능력이라고 했습니다.

자기조절능력: 자신이 세운 목표에 다다르기 위해 자신의 생각, 감정, 행동을 조절하는 능력

자기조절능력의 놀라운 영향력

자기조절능력은 성인이 돼서 어느 날 갑자기 갖춰지는 능력이 아니에요. 어렸을 때부터 차차로 키워져야 하는 능력

입니다. 듀크대의 테리 모피트Terrie E. Moffitt와 애브샬롬 카스피 Avshalom Caspi 등은 1,000명의 아동을 대상으로 대규모 추적 연구를 진행했습니다. 아이가 태어났을 때부터 32세가 될 때까지 자료를 수집했고, 3세에 측정한 자기조절능력으로 31세 어른이 되었을 때의 건강 상태, 재정 상태, 범죄율을 예측할 수 있는지 분석했습니다. 자기조절능력이 떨어지는 형제자매들과도 비교했고요.

결과는 놀라웠습니다. 3세 때 자기조절을 잘하던 아이들은 31세가 되었을 때 더 건강했고 경제적으로 더 여유가 있었으며 범죄율도 더 낮았죠. 같은 부모 아래, 같은 집에서 자란 형제자매들과 비교했을 때도 결과는 비슷했습니다. 세 살 버릇이 여든까지 간다는 말대로, 세 살 때 아이의 모습이 어른이 되었을 때의 모습을 예측하게 합니다.

데이비나 로빈슨Davina A Robinson 등은 4세 이전 아이들의 자기조절능력이 이후 어떤 결과를 야기하는지 알기 위해 150개의 연구 결과를 분석했습니다. 4세 이전에 높은 자기조절능력을 보인 아이들은 8세가 되자 사회적인 능력, 학교 참여도, 학업 수행에 긍정적인 반응을 보인 데 비해, 자기조절능력이 낮았던 아이는 불안, 우울, 또래로부터의 폭력 피해, 비행 등과 연관이 있었습니다.

초등학교 저학년 시기에 자기조절능력이 높은 아이들은 13세

무렵 수학과 읽기를 더 잘한 데 비해, 자기조절능력이 낮던 아이들은 공격적인 행동, 범죄행동, 우울증상, 비만, 흡연, 불법적인 약물 사용의 비율이 더 높았습니다. 초등학교 저학년 아이의 자기조절능력은 38세 이전 성인의 실직, 공격적이고 범죄적인 행동, 우울, 불안, 비만, 흡연, 음주, 약물남용, 신체적 질병과도 연관이 있었습니다. 어릴 때의 자기조절능력이 어른이 되어서도 영향을 미치는 것입니다.

많은 연구 결과들이 성공의 핵심에는 자기조절능력이 있다는 것을 보여줍니다. 아이의 자기조절능력은 이후의 성취, 대인관계, 정신건강, 건강한 삶을 예견해줍니다. 어릴 때부터 자기조절능력을 키워주는 것이 그만큼 중요한 것이죠.

그렇다면 자기조절능력은 어떤 능력들로 이루어져 있을까요? 자기조절능력은 어떻게 아이의 미래에 영향을 미치는 것일까요? 다음 챕터에서 조금 더 구체적으로 살펴보겠습니다.

03

자기조절능력이란

자기조절능력이 포함하는 능력들

자기조절능력이 무엇인지, 자기조절능력에서 제일 중요한 요소가 무엇인지에 대해서는 학자들 사이에 다양한 의견이 있습니다. 인지심리학에서는 실행기능을 중요한 요소로 설명하고 발달심리학에서는 의도적인 통제력을 중요한 요소로 간주합니다. 교육심리학에서는 주의 및 관심을 유지하는 측면에 주목하고요.

따라서 자기조절능력을 하나의 능력으로 정의하기보다는 다양한 능력들이 유기적으로 연합돼서 무언가에 원활히 적응하는 과정이라고 보는 것이 적당할 것 같습니다. 자기조절능력은 다양한 능력들의 합산이라고 볼 수 있는 것이죠. 자기조절능력을 구성하는 다양한 능력들에는 어떤 것들이 있을까요?

자기조절능력이 포함하는 능력들	구체적인 예
감정조절	좌절감 극복 기분 전환 공감
인지조절	집중 동기 유지 계획 예측 시간 조절 초인지 작업기억
행동조절	반응 억제 실행 공격성 조절 운동능력 조절 (괄약근, 대근육, 소근육의 조절)

자기조절능력은 크게 세 가지 능력으로 구분할 수 있습니다.

첫 번째는 자신의 감정을 조절하는 감정조절능력입니다. 자신의 뜻대로 되지 않을 때, 예기치 못한 귀찮은 일이 생겼을 때, 기대와는 다른 안 좋은 결과가 나왔을 때 누구나 기분이 나쁩니다. 화, 불안, 분노, 짜증이 생길 수 있겠죠.

감정조절능력이 낮은 아이라면 분노를 참지 못해서 학업, 교우 관계 등에서 좋지 않은 결과를 얻게 됩니다. 감정조절능력이 높은 아이는 기분이 나쁠 때 스스로 자신의 감정을 다스릴 줄 압니다. 화가 나도 참을 줄 알고, 화를 다스리고 푸는 방법을 압니다. 감정 조절을 잘하면 협동과 배려, 질서 지키기 등이 한결 수월합니다.

두 번째는 인지조절능력입니다. 온라인 원격수업을 하는 동안 수업에 집중을 잘하는 아이와 그렇지 못한 아이는 인지조절능력에 차이가 있습니다. 인지조절능력이 있는 아이는 유연한 집중력, 작업기억력, 참을성을 발휘해서 수업에 집중하죠. 주변의 쓸데없는 자극을 무시하며 진득하니 자신의 일에 집중합니다.

인지조절능력 중에서도 작업기억력은 무언가를 염두에 두고 기억하는 능력이에요. 목이 말라서 냉장고 안의 물을 찾는다고 가정해봅시다. 냉장고 문을 열었는데 눈앞에 맛있는 케이크 조각이 보입니다. 케이크를 꺼내서 맛있게 먹습니다. 그리고 다시

목이 마르다는 것을 깨닫습니다. '아차, 아까 물을 마시려고 냉장고 문을 열었지!' 작업기억력이 제대로 작동하지 않으면 이렇게 깜박 잊는 행동을 반복하게 되죠.

작업기억력이 좋은 아이는 자신이 무엇을 해야 하는지, 문제 풀이의 목표가 무엇인지 계속 염두에 두면서 딴 곳으로 새지 않습니다. 그래서 작업기억력은 수학문제 풀이에 특히 중요해요. 계산이 복잡해질수록 애초 문제의 질문이 무엇이었는지 잊고 엉뚱한 답을 할 가능성이 높아지니까요.

세 번째는 행동조절능력입니다. 자신이 원하는 대로 자기 행동을 조절할 수 있는 능력도 자기조절능력을 구성하는 중요한 능력입니다. 신생아는 대소변을 가리지 못합니다. 아직 괄약근에 대한 조절력이 미숙하기 때문이에요. 갓 걸음마를 시작한 아기는 잘 넘어집니다. 운동능력에 대한 조절력이 아직 발달하지 못했기 때문이죠. 마음을 먹었는데도 막상 실행에 옮기지는 못한다면 그것은 실행력이 부족하기 때문이고요.

자기조절능력은 참을성이 아닙니다

"자기조절능력이 핵심이에요"라고 말씀드리면 참을성과 혼동하시는 분들이 많아요. 하지만 자기조절능력은 무조건 참는 것이 아닙니다. '내가 원하는 목표를 설정하고 그 목표에 다다르기 위해 감정과 생각과 행동을 조절하는 능력'이죠.

원하는 목표는 사람마다 다르고, 같은 사람이라 해도 시기에 따라 원하는 바가 다를 수 있어요. 어린아이의 경우, 당장 부모의 관심이나 칭찬이 목표가 될 수 있습니다. 조금 더 크면 친구들의 인정이 목표가 되고, 어른이 되면 특정한 직업이나 직장, 사람과의 관계가 목표가 될 수 있습니다. 목표가 무엇이든 그 목표에 다다르기 위해 상황에 따라 자신을 적절하게 조절하는 능력, 그것이 자기조절능력입니다.

자기조절능력이 뛰어난 아이는 바르게 생각하고 판단하고 실천할 수 있기에, 본능에 크게 흔들리지 않고 상황에 맞게 행동합니다. 아이스크림이 눈앞에 있어도 한 개 더 먹으면 배탈이 날 것을 떠올리고 참을 수 있습니다. 새로운 게임이 너무 궁금해도 시험 끝나고 시작하겠다고 스스로와 약속할 수 있습니다.

자기조절능력은 사회생활을 할 때도 빛을 발합니다. 타인과 잘 어울리되, 자기 자신을 지킬 수 있는 능력은 살아가는 데 꼭 필요한 능력이라 할 수 있겠죠. 친구가 실수를 해도 화내지 않고 참을 수 있는 아이는 인기가 있습니다. 그렇다고 무턱대고 참기만 하지는 않습니다. 자신의 생각과 너무 다른 순간에는 적절하게 이견을 표명할 수도 있어야 합니다.

이런 아이들은 자신이 판단한 대로 실천하는 실행력도 있습니다. 자기조절능력을 갖춘 아이라면 인생에서 원하는 바를 성취하기에 유리하겠죠.

자기조절능력과 학습능력

미취학 자녀를 둔 부모님들은 아이의 초등학교 입학을 앞두고 걱정을 합니다. 아이가 학교에 잘 적응할 수 있을까? 공부를 잘할 수 있을까? 입학하기 전에 뭘 공부시켜야 할까? 뭘 미리 연습시켜야 할까?

이런 걱정에 대해 답이 될 수 있는 연구들이 있습니다. 많은 연구 결과들이 보여주는 사실은 자기조절능력이 좋은 아이들이 초등학교 입학 후에 적응을 잘하고 공부를 잘한다는 것입니다. 자기조절능력 중에서도 특히 학습과 관련된 것으로는 세 가지가 있습니다. 집중력, 작업기억력, 충동억제력입니다.

집중력이 유연할수록 주변의 쓸데없는 자극을 차단하고 특정 과제에 안정적으로 파고들 수 있습니다. 이는 문제 해결에 가장 기본적인 자기조절능력입니다.

작업기억력은 지시를 기억하고 따르도록 하면서 문제에 대한 해결 방법을 계획하도록 합니다. 그래서 작업기억력이 좋으면 수업 중에 잡담하지 말라는 선생님 지시나 교실에서 뛰면 안 된다는 학급 규칙을 늘 염두에 두고 기억해서 학교에 잘 적응할 수 있습니다.

충동억제력은 충동적인 행동을 막고 적응할 수 있도록 도와줍니다. 충동억제력이 있으면 교실에서 뛰거나 옆자리 친구와 잡담을 나누고 싶은 충동을 참을 수가 있습니다.

'머리 발가락 무릎 어깨 과제Head Toes knees Shoulders Task, HTKS'라는 테스트가 있어요. 아이의 집중력, 작업기억력, 충동억제력을 간단하게 측정할 수 있는 테스트입니다. 처음에는 아이에게 머리, 발가락, 무릎, 어깨를 검사자가 말한 대로 짚으라고 합니다. 다음에는 검사자가 머리를 말하면 머리 대신 발가락을 짚으라고 합니다. 이런 식으로 검사자가 지시하는 것과 다르게 행동하도록 하는데 집중력, 작업기억력, 충동억제력이 좋은 아이들은 이 테스트를 잘 수행하죠.

오리건 주립대학의 메간 맥클렌런드Megan McClelland는 이 과제를 이용해서 취학 전 아동의 자기조절능력을 측정했습니다. 취학 전 자기조절능력이 좋았던 아이는 초등학교 입학 후 읽기, 쓰기, 어휘, 수학 성취도가 높았습니다. 펜실베이니아 주립대학의 블레어Blair와 라자Razza는 3~5세 아동의 자기조절능력은 수학, 읽기 점수와 연관이 높다고 했습니다.

지능이 높은 아이보다 자기조절능력이 강한 아이가 공부를 잘합니다. 가정환경이 열악하더라도 자기조절능력이 있으면 공부를 잘하죠. 아이가 초등학교 입학해서 적응을 잘하고 공부를 잘하기를 원한다면 자기조절능력을 관리해주어야 합니다.

자기조절능력과 건강

코로나19로 인해 아이들이 등교를 안 하고 집에서 원격수업을 받는 날이 많아졌습니다. 종일 집에 있다 보니 생활 리듬이 깨져 문제가 되기도 합니다.

학교를 다닐 때는 정해진 시간에 일어나서 등교를 했습니다. 그런데 집에서 수업을 들으니까 온라인으로 출석만 체크하고 다시 잠을 자버립니다. 늦잠을 자고 나면 저녁에 잠이 잘 오지 않습니다. 밤늦게 잠이 든 아이는 정상적인 등교시간에 맞춰 일어나기 어렵습니다. 다음 날 또 출석 체크만 하고 다시 잠을 자게 되고그날 저녁 또 잠이 들기 어렵죠.

게다가 핸드폰이나 PC를 이용해서 수업을 하니까 디지털 기기의 이용이 더 많아지고 자유로워졌어요. 아이들은 늦게까지 게임을 하고 영상을 보다가 새벽에 잠이 듭니다.

이런 악순환이 하루이틀이 아니고 1년이 넘도록 계속되었습니다. 원격수업이 길어지면서 수면패턴이 무너져 잠 때문에 진료실을 찾는 경우가 많아졌습니다.

아이들의 수면패턴에 이상이 생기는 것은 비단 코로나19로 인한 현상만은 아니에요. 코로나19 전에도 방학이면 늦게 자고 늦게 일어나는 아이들이 많았습니다. 개학을 해서 일찍 자려고 해보지만 늦게 자던 습관 때문에 잠이 오지 않습니다. 방학 때 붙은 습관 때문에 새벽에 잠이 들었는데 등교 시간에 맞춰서 억지로 일찍 일어나려니 잠이 모자라 정신이 없습니다. 해마다 3월 초와 9월 초면 진료실은 잘못된 수면패턴 때문에 잠이 모자라서 힘들어하는 아이들을 어렵지 않게 만날 수 있었어요. 그런데 이제는 시기를 가리지 않고 이런 아이들을 쉽게 볼 수 있죠.

늦게 자고 늦게 일어나는 수면패턴 때문에 학교 적응에 문제가 생기는 경우는 초등학생보다 청소년들에게서 더 많아요. 청소년이 되면 일찍 자라는 부모님의 말을 잘 따르지 않기 때문입니다. 이제 그만 자라고 해도 조금만 더 놀다 자겠다고 하고, 아침에 깨워도 신경질을 내면서 내 일은 내가 알아서 하겠다고 반항합니다. 생물학적으로 청소년이 되면 더 늦게 자도록 프로그램된 탓도 있어요. 청소년이 된 아이에게 억지로 제때에 자는 것을 가르치기는 어렵습니다.

자기조절능력이 부족해 감정기복이 심한 아이는 먹는 것에 문제가 생길 가능성이 높습니다. 식사를 거르다가 폭식을 하기도 하고요. 감정을 잘 조절하지 못하는 것은 거식증이나 비만과 연관이 큽니다.

제때에 먹고 자는 것은 건강의 기본입니다. 더 놀고 싶어도 때가 되면 밥을 먹고 잠자리에 들어야 합니다. 이런 기본은 아이가 어릴 때 잡아줘야 해요. 청소년기에 바로잡으려고 하면 이미 늦을 가능성이 많습니다. 자기조절능력이 좋은 아이는 성인이 되어서 더 건강합니다. 어릴 때부터 먹고 자는 것에 대한 기본적인 자기조절능력을 키워줘야 합니다.

아무것도 하고 싶어 하지 않는 아이

"우리 애는 아무것도 안 하고 집에만 있어요. 학원도 안 가고 운동도 안 해요. 뭐라도 하고 싶지 않느냐고 물으면 짜증만 내요. 대체 뭐하고 있나 보면 그냥 자기 방에서 핸드폰만 보고 있어요. 핸드폰이 그렇게 재미있는 건지… 제가 아주 속이 터져서 죽겠어요."

아무것도 하지 않으려는 아이들, 그래서 답답한 부모들. 의외로 진료실에서 많이 만납니다.

아이는 왜 아무것도 하지 않으려는 걸까요? 정말 부모님 생각처럼 핸드폰 게임이나 유튜브, SNS 등이 너무나 재미있어서 종일 핸드폰만 보고 있는 걸까요?

시작이 두려운 아이들

물론 핸드폰의 게임이나 동영상 등이 재미있어 삼매경에 빠져 있는 경우도 있죠. 그러나 재미보다는 두려움 때문에 핸드폰만 보고 있는 경우가 더 많습니다. 무엇을 두려워하느냐고요? 새로운 것을 시작하는 것을 두려워하는 아이들이 많습니다. 다시 말하면 이 아이들은 실패가 두렵습니다. 시작을 했다가 끝까지 못하는 것, 그걸 실패라고 배우면 아이들은 자책을 합니다.

레고 조립을 시작했는데 완성을 못하면, 독서를 시작했는데 완독을 못하면, 학원을 등록했는데 중간에 그만두면, 수영을 배우기 시작했는데 남들보다 뒤처지면, 조금 더 커서는 알바를 시작했는데 며칠 만에 그만두면 그것을 실패라고 생각합니다. 이처럼 시작만 하고 끝까지 못하는 경험, 스스로 생각할 때 실패 경험이 누적되다 보면 아이는 아예 시작을 안 하기로 합니다.

그러나 그만두는 것은 실패가 아니에요. 한 번이라도 해본 사람과 한 번도 해보지 않은 사람이 어떻게 같을까요? 짜장면을 사진으로만 본 사람과 한 젓가락이라도 먹어본 사람은 경험치에서 비교가 되지 않습니다. 레고를 조립했다 해체했다를 반복해본 나, 책을 몇 쪽이라도 읽어본 나, 수영장에서 호흡법이라도 연습해본 나, 아르바이트 면접이라도 봐본 나는 아무것도 하지 않았던 나와 같은 내가 아닙니다. 단 한 번의 경험이라도 해본 나와 그렇지 않은 나 사이에는 엄청난 차이가 있어요. 짜장면 맛을 알려면 한 젓가락이라도 맛을 봐야 합니다. 짜장면 한 그릇을 다 비워내지 못해도 괜찮습니다. 아이에게 필요한 건 일단 시작할 용기예요. 중간에 그만두더라도 도전해본 경험은 고스란히 아이의 것으로 남게 됩니다.

게다가 요즘 세상은 매우 빨리 변합니다. 한 길만 꾸준히 가다 보면 어느새 그 길 자체가 없어지는 경우가 부지기수예요. 볼보는 2025년까지 전기차 비중을 50%로 확대하고 2030년부터는 100% 전기차만 만든다고 합니다. 화석연료 엔진을 만들던 기술자들은 이제 새로운 기술을 익혀야 합니다. 과거의 기술이 새로운 기술로 대체되는 시간이 빨라지고 있어요. 가던 길을 끝까지 가는 것이 아니라 세상의 변화를 읽고, 적절한 시기에 새로운 길로 갈아타는 판단이 필요한 시대입니다.

또한 대다수가 좋다고 한 길도 내 길이 아니다 싶으면 과감히 돌아 나올 수도 있어야 합니다. 사람들이 좋다고 하니까 의대에 왔지만, 본인에게 맞지 않다고 판단하고 재빨리 다른 과를 선택하는 학생들을 간혹 봅니다. 취업난을 뚫고 대기업에 들어갔지만 회사가 맞지 않아 창업을 해서 더 만족스러운 삶을 사는 경우도 있고요. 살다 보면 이처럼 모두가 선망하는 길도 스스로가 판단할 때 맞지 않다고 생각하면 중단하는 결단도 필요합니다.

아이가 뭐 하나를 끝까지 못한다고 타박하거나 너무 걱정하지 마세요. 아이는 스스로 무엇을 잘할 수 있을지 전혀 알지 못합니다. 직접 해봐야 그걸 좋아하는지 잘하는지도 알 수 있습니다. 아이에게는 완주보다는 도전하는 용기가 더 중요합니다. 아이가 무언가를 시작해서 성취를 해냈다면 같이 기뻐해주세요. 아이가 무언가를 시작했지만 중간에 그만두기로 했다면, 그만두기로 한 것도 스스로 내린 결단이라는 것을 알려주세요. 끝까지 하지 못했다고 자책하고 다른 걸 시작하기를 두려워한다면, 도전을 해본 것이 아무것도 하지 않는 것보다 백배 더 가치 있다고 용기를 주세요.

제
2
장

아이의 자기조절능력을 키워주는 법

04

훈육이 필요한 순간, 자기조절능력이 큰다

"아이가 사회성이 떨어져서 걱정이에요."

부모님의 걱정된 표정과 달리, 다섯 살 지우는 묻는 말에 나름 대답도 잘하고 똘똘해 보였습니다. 밝고 명랑한 데다 별로 수줍어하지도 않아서 이 아이에게 무슨 문제가 있나 싶었죠. 사회성이 없다는 부모님의 걱정이 과한 듯했습니다. 그런데 지우에게 몇 가지 묻다 보니 이상한 점이 있더군요. 어린이집이 재미가 없다는 것이었어요. 친구들이 안 놀아준다고 했습니다.

퍼즐 같은 아이의 모습

아이를 안다는 것은 퍼즐을 맞추는 것과 같습니다. 퍼즐 두 조각을 맞추면 기린인가 싶은데 더 많은 조각을 맞춰보면 표범이 되고 완성해서 보면 얼룩말이 되는 식이죠. 같은 아이라고 해도 누가 언제 어디서 보느냐에 따라 아이의 모습은 달라집니다.

같은 장소라고 해도 무엇을 하는지, 누구와 하는지에 따라 아이는 또 다른 모습입니다. 같은 진료실이어도 저와 둘이 있을 때의 모습과 부모님과 같이 있을 때의 모습이 너무 달라서 이 아이가 그 아이 맞나 싶을 때도 있습니다.

그래서 진료실에서 보는 모습만으로 아이를 판단하지 않습니다. 집에서의 모습, 유치원이나 어린이집에서 단체생활을 할 때의 모습 등 다양한 모습에 대해 차근차근 알아가면서 아이를 파악합니다. 충분히 알았다고 생각해도 새로운 모습이 나와 놀랄 때가 많아요. 아이의 모습은 무궁무진합니다.

부모님은 아이가 자신과 있을 때의 모습만으로 아이에 대해 다 안다고 생각하곤 합니다. 하지만 집에서는 밝고 명랑하고 말 잘 듣는 아이라도 또래 아이들과 함께 있을 때는 또 다른 모습일 수 있어요.

지우도 집에서는 아무 문제가 없었지만 어린이집에서는 달랐습니다. 집에서는 아이 하나이기 때문에 지우 위주로 맞춰주었습니다. 먹을 게 하나면 지우에게 주었습니다. 장난감도 지우 혼자서 가지고 놀았고요. 그렇다 보니 어린이집에서는 참을성이 없었고 기다릴 줄 몰랐습니다. 장난감을 다른 아이들과 공유하려 하지 않았고, 다른 아이가 가지고 노는 동안 참지 못해서 억지로 빼앗았어요. 당연한 결과지만 다른 아이들은 지우와 노는 것을 싫어했고, 그래서 지우는 어린이집에 가는 게 싫었던 겁니다.

저는 부모님에게 집에서도 지우와 함께 작은 규칙들을 만들고 그것을 지키는 연습을 시키도록 했습니다. 먹을 것이 하나 있으면 주변 사람과 나누도록 했습니다. 지우 위주였던 먹고 자는 시간도 일정하게 정해서 약속된 시간이 되면 놀고 싶어도 잠자리에 들도록 했습니다. 식사를 준비하는 동안 가족들의 수저를 상 위에 두는 등의 간단한 역할을 주어 지우가 다른 사람을 배려하는 마음을 키우도록 했습니다. 또래 친구를 집에 초대해서 함께 노는 모습을 관찰하고 지우에게 부족한 점이 있으면 즉시 알려주도록 했습니다. 이런 방법들을 꾸준히 하다 보니 지우는 점차 자기 하고 싶은 대로 하던 충동성을 억제하고 남들을 배려하는 방법을 익힐 수 있었습니다.

아이는 어렸을 때의 실수를 통해 살아가는 방법을 배웁니다. 제멋대로 하던 아이도 차차 훈육을 통해 소리 지르고 싶은 것을 참는 법, 샘이 난다고 친구의 새 장난감을 망가뜨리지 말아야 한다는 법, 지금 당장 사탕이 먹고 싶어도 식사 후에 먹기로 약속하는 법 등을 익혀갑니다. 즉, 올바른 훈육을 통해 자기조절능력이 잘 자랄 수 있습니다.

아이가 준비된 만큼 자기조절능력을 키워주세요

내 아이의 자기조절능력은 어느 정도 컸을까요? 자기조절능력에는 여러 가지가 있습니다. 혼자서 기고 서고 걷고 뛰는 것은 대근육에 대한 자기조절능력입니다. 숟가락질을 하고 색연필로 색칠을 하고 종이접기를 하는 것은 소근육에 대한 자기조절능력입니다. 대소변을 가리는 것은 괄약근에 대한 자기조절능력입니다. 말을 가려서 하고 하지 말아야 할 말을 삼키는 것은 반응억제에 대한 자기조절능력입니다. 화가 나도 물건을 던지거나 때리지 않는 것은 감정에 대한 자기조절능력입니다.

이러한 다양한 자기조절능력들은 모두 같은 속도로 발달하지 않습니다. 달리기는 번개같이 하는데 울보일 수도 있고, 말은 멀쩡하게 잘하면서 밤에는 오줌싸개일 수도 있습니다.

아이의 자기조절능력을 파악하는 것도 퍼즐을 맞추는 것과 같습니다. 집에서 잘 논다고 학교에서도 그럴까요? 혼자서는 잘 놀지만 또래와 있을 때는 양보하지 않는 심술궂은 아이일 수도 있습니다.

먼저 다음의 표를 보고 다양한 영역에서 내 아이의 자기조절 능력을 파악해보세요. 그러면 내 아이의 자기조절능력 진도표가 나올 겁니다. 아이의 진도에 맞춰서 부족한 종류의 자기조절 능력을 키워주세요.

자기조절능력 발달표

자기조절능력의 종류	구체적인 예
대근육조절력	목 가누기 기기 서기 걷기 뛰기 계단 오르기 세발자전거 타기
소근육조절력	숟가락질하기 동그라미 그리기 가위질하기
괄약근조절력	대변 가리기 소변 가리기

감정조절력	말로 감정을 조절하기 (스스로 뚝하면서 울음을 멈추기) 안 울려고 노력하기 말로 화 표현하기
반응억제력	던지지 않기 때리지 않기 놀리지 않기 욕 안 하기 상대방이 곤란한 말 안 하기
사회적조절력	다른 사람의 입장 이해하기
도덕적조절력	거짓말하지 않기 훔치기 않기
실행조절력	계획 세우기 주도적으로 하기 미루지 않기
시간조절력	어제와 오늘, 내일 구별하기 시간 안에 마치기 지각하지 않기
집중조절력	하기 싫은 공부 참고 하기 재미없는 교과서 읽기

—— 기질과 훈육 그리고 자기조절능력

훈육은 아이가 사회에 적응하기 위해 반드시 필요한 과정입니다. 그러나 훈육은 모든 아이들에게 동일하게 적용할 수도, 적용할 필요도 없어요. 아이마다 더 강화시킬 기질과 신경써서 다뤄야 할 기질이 다르기 때문이죠.

한 사람 안에는 여러 가지 모습이 있습니다. 친한 사람들과는 수다스러울 정도로 말도 많고 활동적이지만 낯선 사람 앞에서는 꿀 먹은 벙어리가 될 수도 있어요. 이런 사람을 외향적이라고 해야 할까요, 아니면 내성적이라고 해야 할까요? 대체로 외향적인 사람이라고 해도 특정한 상황에서는 갑자기 내성적인 사람이 될 수도 있습니다.

아이의 기질도 한마디로 정의하는 것은 쉽지 않습니다. 아이의 기질을 알려면 다양한 환경에서 아이가 하는 행동을 파악하고 이해해야 합니다.

알렉산더 토마스Alexander Thomas와 스텔라 체스Stella Chess는 아이들의 특성들을 측정해서 아이의 기질을 쉬운 아이, 까다로운 아이, 느린 아이 세 가지로 분류했지요. 그러나 이것은 통계적인 분류일 뿐이에요. 35퍼센트의 아이들, 대략 3분의 1은 어디에도 속하지 않는 아이들입니다. 그리고 쉬운 아이라고 해도 특정한 상황, 예를 들어 부모와 떨어지는 것에 유난히 민감한 경우도 있습니다. 반대로 까다로운 아이라고 해도 차만 타면 쉬운 아이 못지않게 잘 웃고 잘 놀 수 있습니다.

모든 아이들은 섬세하고 특별합니다. 쉬운 아이, 까다로운 아이, 느린 아이라는 틀 안에서 내 아이를 보지 마세요. 그보다는 내 아이가 언제 어떤 행동을 하는지 유심히 관찰해서 내 아이만의 개성을 파악하는 것이 중요합니다.

진료실에서 만나는 아이들의 모습이 모두 제각각입니다. 처음 보는 의사를 유심히 보는 아이도 있고, 의사에게는 전혀 관심 없이 이리저리 다니며 새로운 장난감을 만져보는 아이도 있습니다. 아이 때 나타나는 이런 특성들은 언제까지 계속될까요? 어떤 특성들은 오래지 않아 사라지지만 일부는 시간이 흘러도 아이의 행동에 영향을 미치고 어른이 될 때까지 남아 있습니다. 활동성, 집중 지속 시간, 수줍음, 예민함, 감정조절능력, 충동성 같은 특성들은 유전의 영향을 많이 받고 상당히 오랫동안 유지됩니다.

발달심리학자 제롬 케이건Jerome Kagan은 두 돌 무렵 아이들을 대상으로 연구를 진행했습니다. 낯선 사람이나 사물을 보고 위축되는 아이들, 낯선 사람이나 사물에도 쉽게 접근하는 아이들, 두 부류로 나누고 이 아이들이 성인이 되었을 때도 이런 성향이 지속되는지 관찰했습니다. 두 돌 무렵 낯선 사람이나 사물을 보고 위축되었던 아이들은 21세가 되었을 때도 낯선 것을 보면 공포심의 중추부위인 편도체가 급격하게 활성화되는 것을 확인했습니다. 어릴 때 낯선 것을 꺼려하던 기질이 성인이 되어서도 지속된 것이죠.

그냥 두면 일생 동안 이어지는 이런 기질들, 이 가운데 어떤 것을 키워주고 어떤 것을 보완해나가야 할까요?

보안해줘야 할 기질

수줍은 아이, 충동적인 아이, 공격적인 아이, 불안한 아이는 커서도 적응에 어려움을 가질 수 있습니다. 집중하는 시간이 짧거나 충동성이 크면 자라서도 공격적인 행동을 하거나 공부가 어려울 가능성이 크죠. 겁이 많은 아이는 쉽게 불안해하는 경향이 있습니다. 반면 아기 때 겁이 없고 충동적인 경우, 몇 년 후 보니 더 공격적이 되었다는 연구 보고들이 있습니다. 충동성이나 공격성은 자기조절능력이 발달하는 것을 어렵게 합니다. 훈육과 연습을 통해 고쳐주는 것이 좋습니다.

키워줘야 할 기질

새롭고 흥미로운 무언가를 발견했을 때 조금 더 오래 쳐다보는 아이가 있는 반면, 금방 싫증을 내는 아이도 있습니다. 이런 특성은 몇 년 후 지능에 영향을 미칩니다. 돌 무렵 한 가지를 진득하게 쳐다보고 관심을 유지하던 아이들은 쉽게 싫증을 내던 아이들에 비해 몇 년 후 지능이 더 높았습니다. 오래 집중하는 능력은 자기조절능력을 이루는 중요한 요인 가운데 하나죠. 집중을 어려워하는 아이라면 환경을 바꾸거나, 집중 시간을 늘려가는 연습을 통해 집중하는 능력을 키워주는 것이 좋습니다.

자기조절능력을 키우는 양육법

훈육이 필요한 순간, 즉 아이의 행동에 교정이 필요한 순간이 부모에게는 자기조절능력을 키울 기회의 창이 열리는 순간입니다. 자기조절능력은 부모의 양육 방식에 따라 변할 수 있어요. 구체적인 가이드를 주고 반복해서 연습시키는 부모는 아이의 자기조절능력을 키워주는 반면, 훈육이 필요한 순간에 강압적으로 아이의 행동을 억누르는 부모는 아이의 자기조절능력이 자라는 기회를 막습니다.

심리학자 다이애나 바움린드Diana Baumlind는 부모가 아이의 요구를 얼마나 잘 수용하는지, 아이에게 얼마나 많은 것을 기대하고 요구하는지에 따라 세 가지로 부모의 양육 방식을 구분했습니다.

권위주의적 유형

지나치게 딱딱한 스타일을 떠올리면 됩니다. 부모가 아이에 대해 수용은 별로 없고 요구가 많은 유형이에요. 엄격하고 융통성이 없으며 아이에게 냉혹합니다.

허용적 유형

지나치게 부드러운 스타일을 떠올려보세요. 아이의 요구를 무조건 들어주면서 규칙을 따르라는 요구는 별로 하지 않습니다. 버릇없는 응석받이 아이들의 부모가 대체로 허용적 유형입니다.

권위가 있는 유형

아이의 요구를 잘 받아주지만 그렇다고 아이가 제멋대로 하도록 두지는 않습니다. 아이에게 요구하는 것도 많고요. 규칙과 규율이 확고하지만 융통성이 없지는 않습니다. 상황에 따라 예외를 두기도 합니다.

암스테르담 대학의 제시카 표트롭스키Jessica Piotrowski는 1,141명의 2~8세 아이들과 그 부모를 대상으로 부모의 양육 방식이 자기조절능력에 미치는 영향을 분석했습니다. 그 결과, 권위가 있는 유형인 부모의 아이들이 가장 자기조절능력이 좋았습니다. 반면 부모가 권위주의적 유형이거나 허용적 유형인 경우, 아이들의 자기조절능력이 잘 발달하지 못했습니다.

이 연구 결과가 시사하는 바는 지나치게 엄격한 것도, 지나치게 허용적인 것도 자기조절능력 발달에 좋지 않은 영향을 미칩니다. 따뜻하고 허용적이면서 중요한 의사결정 과정에 아이를 참여시키고 규칙을 정해서 함께 지키는 양육 방식이 아이의 자기조절능력을 발달시킨다는 것입니다.

권위가 있는 유형의 부모는 무엇이 다를까

권위가 있는 부모들의 양육 방식은 다음과 같은 특성들이 있습니다.

감정을 말로 표현하도록 도와줍니다

아이는 아파도 울고 화가 나도 웁니다. 무조건 울지 말라고 달래기보다는 왜 우는지 감정을 말로 표현하도록 유도합니다. "속상한 거야? 화가 나면 울지 말고 화가 났다고 말로 해" 이렇게요. 감정을 말로 표현하고 나면 그 감정을 다스릴 방법을 찾기가 훨씬 수월해집니다. 아프면 아픈 원인을 찾아 달래면 되고, 화가 난 거라면 화를 풀 좋은 방법들을 찾아보면 되니까요.

화가 난 아이가 물건을 던지거나 부술 수도 있습니다. 행동으로 감정을 표현하는 것은 아직 자기조절능력이 성숙하지 못했기 때문이에요. 아이가 행동이 아닌 말로 감정을 표현하도록 도와주고 말을 통해 감정을 다스리는 연습을 시켜주세요. 네 살만 되어도 스스로 "뚝"이라고 말하며 눈물을 멈추려고 노력할 수 있습니다. 아이가 어릴 때는 말하는 모습이 겉으로 드러나겠지만 크면서 점차 속으로 말하면서 자신의 감정을 조절하게 됩니다.

구체적인 가이드를 제시해줍니다

아이가 실수를 하거나 잘못을 했다면, 비난하기보다는 다음에 어떻게 하는 게 좋을지 구체적인 지시를 내려주세요. 아이가 화가 난다고 물건을 던질 때 "어디 물건을 던져?" 하고 큰 소리로 혼만 낸다면 자기조절능력을 키울 기회를 놓치는 겁니다. "다음에는 화가 나면 먼저 마음속으로 천천히 셋까지만 세보자" 하는 식으로 가르쳐줍니다.

아이의 상태를 세심하게 알아채고 즉각 호응해줍니다

아이는 부모의 반응을 통해 배웁니다. 아이의 감정, 마음, 행동에 부모가 바로 반응해주면 아이는 자신의 행동이 좋은지 나쁜지 빨리 배우게 되죠.

아이는 과자를 혼자 먹고 싶었습니다. 그러나 동생이 달라고 하자 혼자 먹고 싶은 충동을 참고 반씩 나누어 먹었습니다. 이때 부모가 "혼자 다 먹고 싶었을 텐데 참았구나. 나눠 먹은 거 참 잘 했어" 하고 칭찬하면 아이는 다음에도 충동을 억제하려고 노력할 것입니다.

명확하게 경계를 그어줍니다

아이에게 되는 것과 안 되는 것에 대한 경계를 확실하게 미리 알려줍니다. 아이는 경계를 넘지 않으려고 애를 쓰게 되고 그러면서 자기조절능력을 키웁니다.

부모 자신이 감정 조절을 잘합니다

아이에게는 소리 지르지 말라고 하면서 부모 자신은 소리를 지른다면 아이는 부모의 말보다는 행동을 따르게 됩니다. 아이가 자신의 행동을 잘 조절하기를 원한다면 부모가 롤모델이 되어야 합니다.

자기조절능력과 공감능력

공감능력은 다른 사람의 기분이나 생각을 알아채고 이해

해서 그에 맞는 행동을 하는 능력입니다. 다른 사람이 울 때 갓난아기들은 따라 울거나 멀뚱멀뚱하게 있습니다. 그러다가 걸음마를 시작할 무렵이 되면 다른 사람을 달래려는 행동을 보이기 시작합니다. 자신만 알던 아기가 점차 자신과 남을 구별하고 다른 사람의 기분이나 입장을 이해하게 되는 것이죠.

감정은 전염이 됩니다. 옆 사람이 울고 있으면 나도 슬퍼져요. 감정에 대한 공감력은 타고난 능력이고 자동적인 과정입니다. 태어난 지 10분 된 아기도 자신을 쳐다보는 아빠의 표정을 따라 표정을 짓습니다. 신생아실의 아기 하나가 울면 다른 아기들도 따라 우는 것은 이런 타고난 감정 공감력 때문입니다.

돌 무렵이 되면 아기는 다른 사람의 기분에 관심을 갖고 주목을 하게 됩니다. 다른 사람의 감정과 비슷한 기분을 느끼면서 남을 달래 자신의 감정을 조절하려고 합니다. 두 돌 무렵이 되면 다른 사람의 마음 상태를 조금 더 이해하면서 사회적인 행동을 합니다. 공감력이 강한 아이는 사회성이 좋고 또래 아이들과 잘 어울려요. 사회 적응력도 좋고요. 공감력의 긍정적인 효과는 청소년이 되어서도 이어집니다. 공감력은 감정조절력과 연관이 있습니다. 연구에 따르면, 걸음마 시기에 감정조절력이 있는 아이는 공감력이 좋았습니다.

부모가 아이의 감정을 다루는 방식은 크게 두 부류로 나눌 수 있어요. 하나는 감정을 코치하는 방식이고 다른 하나는 감정을 무시하는 방식입니다.

감정코치형 부모는 자신의 감정과 아이의 감정을 잘 인지합니다. 감정과 기분에 대해 아이와 잘 이야기하고 아이가 화를 내거나 우는 등 부정적인 감정일 때 "아까 그 일로 화가 났구나. 아빠가 위로해줄게." 같은 말로 자기 감정을 긍정하고 수습하는 방법을 가르쳐줍니다. 이는 아이에게 감정조절력을 키울 기회가 됩니다.

감정무시형 부모는 자신이나 아이의 감정을 잘 인지하지 못합니다. 감정 표출, 특히 부정적인 감정 표출에 대해 "고작 그것 때문에 우는 거야?" 같은 말로 아이가 느끼는 감정을 무시하거나 못마땅해합니다.

어떤 방식이냐에 따라 아이가 감정을 배우고 다루는 능력이 달라집니다. 감정코치형 부모에게서 자란 아이들은 감정에 대해 많이 알고 감정 조절을 잘해요. 사회 적응력과 또래와의 관계가 좋고 공부를 잘하며 자존감이 높죠. 아이의 감정조절력과 공감력을 높이려면 부모가 아이의 감정에 공감하고 수용하면서 감정에 대해 많이 이야기를 나누는 것이 좋습니다.

05

상을 잘 활용하면 자기조절능력이 자란다

미국의 행동주의 심리학자 스키너는 동물실험을 통해 상과 벌이 동물의 행동을 바꾸는 데 효과적이라는 것을 밝혔습니다. 상과 벌을 이용한 행동요법들은 아이들의 잘못된 행동을 수정하는 데도 분명 효과가 있습니다. ABC훈련법, 칭찬 스티커, 타임아웃 등이 좋은 예이죠. 특히 부모가 행동요법을 제대로 익혀서 아이에게 적용하는 경우, 그 효과가 더욱 크답니다.

체벌이 도리어 상이 되는 경우

그런데 부모가 행동요법을 제대로 수행하는 것은 만만치 않습니다. 부모는 벌을 주었다고 생각하는데 알고 보면 벌이 아니라 상이 되는 경우도 있어요. 예를 들어 이런 식입니다.

엄마가 은수에게 숙제를 하라고 했습니다. 은수가 갑자기 "에이씨!" 하면서 들고 있던 컵을 집어던졌습니다. 다행히 플라스틱 컵이라 깨지지는 않았지만 안에 있던 물이 사방에 쏟아졌습니다. 엄마는 은수의 행동에 기겁했습니다.

"버릇없이 이게 무슨 짓이야? 응? 너 이제 막나가는 거야?"

큰 소리로 야단을 치다 보니 더 화가 나서 엄마는 손바닥으로 은수의 등짝을 한 대 때렸습니다. 그러고 다시 소리를 질렀습니다.

"꼴 보기 싫으니까 네 방으로 들어가!"

은수는 울면서 방으로 들어갔습니다. 소리 지르고 체벌까지 했으니 엄마는 은수에게 벌을 주었다고 생각했습니다. 그러나 은수의 버릇없는 행동은 계속되었습니다. 걸핏하면 "아이씨" 하면서 들고 있던 물건을 던졌습니다.

왜 은수의 행동은 바뀌지 않았을까요? 엄마는 벌을 주었다고 생각했지만 사실은 상을 주었기 때문이죠. 은수가 정말 하기 싫었던 것은 숙제였습니다. 은수는 버릇없는 행동을 해서 하기 싫은 숙제를 안 해도 되는 상황이 되었습니다. 다음에도 하기 싫은 일을 피하기 위해 버릇없는 행동을 할 것입니다.

부모의 행동이 정확하게 훈육의 효과가 있는지 알기 위해 제가 진료실에서 사용하는 방법이 있어요. 부모가 훈육을 하기 전과 후를 같이 적어보는 것입니다. 시간, 사건(아이의 문제행동), 부모의 행동, 사건의 결과 순으로 적어보라고 합니다.

은수의 상황을 적어볼까요?

은수의 상호작용분석표	
일시	2021년 4월 20일 오후 8시
사건	은수에게 숙제를 하라고 했다. 은수가 "아이씨." 하면서 물컵을 던졌다.
엄마의 생각과 감정	버릇을 고쳐야 한다고 생각했다. 너무 화가 났다.
엄마의 행동	혼을 내며 등짝을 때려주고 방으로 쫓아 보냈다.
결과	은수가 울면서 방에 들어갔다.

훈육의 시작은 엄마가 은수에게 숙제를 하라고 한 것입니다. 그런데 결과에는 은수의 숙제가 어떻게 되었는지가 없어요.

바로 이것이 문제입니다. 은수는 어찌되었든 하기 싫은 숙제를 안 하게 되었습니다. 엄마는 은수의 버릇없는 행동에 대해 야단을 치고 그래도 숙제를 하라고 애초의 사건으로 돌아갔어야 합니다. 그래야 은수는 하기 싫은 일을 피하기 위해 문제행동을 하지 않게 됩니다. 이렇게 행동요법을 했다고 하지만 제대로 시행하지 못해 효과를 못 보는 경우가 많습니다.

상을 주는 이유는 상 받은 행동은 좋은 행동이니 더 많이 하라는 것입니다. 좋은 행동을 많이 하라는 동기부여의 의미죠. 상을 잘 이용하면 아이는 좋은 행동을 점점 더 많이 합니다. 아이의 자기조절능력을 키우기 위해 상을 제대로 활용하는 방법에 대해 알아보겠습니다.

나쁜 상: 행동을 변화시키지 못하는 상

부모는 애를 써서 상을 줬는데 아무런 효과가 없을 수도 있습니다. 오히려 엉뚱한 효과가 나타나는 경우마저 있습니다. 이런 상은 나쁜 상이죠. 구체적으로 어떤 것들이 나쁜 상일까요?

애매한 상

아이가 말을 잘 들어서 상을 주는 경우를 봅니다. 그런데 말을 잘 듣는 기준이 뭘까요? 부모가 하는 말을 하나도 빠짐없이 다 실천하면 말을 잘 들은 것일까요? 애매한 기준으로 상을 주면 주는 사람이나 받는 사람이나 혼란스럽고 갈등이 생길 수 있습니다. 아이는 말을 잘 들었다고 생각하는데 상을 받지 못하면 억울한 마음이 들 수 있습니다.

예측 불가능한 상

부모의 기분이나 상황에 따라 오락가락하는 상은 나쁜 상입니다. 받을 때는 좋지만 못 받을 때는 화가 날 수도 있어요. 어차피 부모의 기분에 따라 주는 상이니 아이 입장에서는 상을 받으려고 애쓸 필요가 없습니다. 이런 상은 동기 부여가 되지 못합니다.

아이에게 해로운 것

아이가 좋아한다고 해서 아이에게 해로운 것을 상으로 줘서는 안 됩니다. 카페인이 들어간 사탕이나 아이스크림은 아이의 숙면과 성장을 방해합니다. 과도한 게임기 사용, 설탕과 기름이 많이 들어간 음식 섭취 등은 아이의 건강에 좋지 않습니다. 이런 것들은 좋은 상이 아닙니다.

물질 만능의 상

상이라고 하면 돈이나 물건을 생각하는 부모님들이 많습니다. 그러나 노력이나 인정의 대가가 꼭 물질적인 것일 필요는 없어요. 자칫 아이가 칭찬이나 인정의 대가를 돈으로 환산하려고 들 수 있습니다. 지난번에는 성적 1점 올리는 데 천 원씩이었는데 이번에는 왜 5점을 올려야 천 원을 주느냐는 식이죠. 이런 식으로 하다 보면 상을 줬는데도 아이는 불만을 가질 수 있습니다. 상을 주고도 동기부여에는 실패하는 셈이니 좋은 상이라고 할 수 없습니다.

받는 사람이 싫어하는 상

아이에게 상으로 유기농 야채 샐러드를 만들어주겠다고 해보세요. 부모는 아이의 몸에 좋은 것이니 상이라고 생각하겠지만 아이 입장에서는 '그게 뭔데?'라고 갸우뚱할 수 있어요. 상은 받는 사람이 좋아해야 정말 상이 됩니다. 부모는 상이라고 생각하고 줬지만 아이에게는 전혀 관심 밖의 것이라면 아이의 동기부여에 아무런 도움이 되지 않습니다.

1등에게 주는 상

1등에게 주는 상은 남과 비교하게 합니다. 남과 비교하는 것이 때로는 동기부여가 될 수 있지만 1등을 못할 때는 좌절감을 안깁니다. 모든 것을 다 잘하는 사람이 있을까요? 그런 사람을 본 적 있다면 기억의 오류일 뿐이에요. 노래는 1등이지만 달리기는 못할 수 있습니다. 독후감은 잘 쓰지만 그림은 못 그릴 수 있습니다. 아무리 애써도 특정 부분에서는 1등을 못할 수 있습니다. 사람마다 독특한 개성과 능력이 있습니다. 좋은 상은 남과의 비교가 아니라 어제의 자신과 비교해서 받는 상입니다.

좋은 상: 아이의 행동을 변화시키는 상

이제 아이에게 동기부여를 하고 아이를 움직이는 좋은 상에 대해 살펴보겠습니다.

미리 정한 상

상을 무엇으로 할지 아이와 미리 상의해보세요. 어떤 행동에 대해 상을 받을지 누가 봐도 명확하고 공정한 기준을 정하는 것이 좋아요. 이런 상은 아이가 구체적으로 어떤 행동을 해야 할지 기준을 제시하므로 혼란이 없고 동기부여가 되어서 자기조절능력을 키우는 데 도움이 됩니다.

일관성 있는 상

미리 약속한 상이라면 꼭 약속을 지키도록 하세요. 상을 주는 것에 일관성이 없으면 아이는 금방 상을 받는 데 흥미를 잃게 됩니다.

아이가 좋아하는 상

아이가 좋아하는 것을 상으로 줘야 동기부여가 됩니다. 부모가 보기에는 쓸모없는 스티커 세트, 전혀 어울리지 않는 모자라도 아이가 원하는 것이라면 상으로 줘야 기쁜 마음이 듭니다.

어제를 이긴 아이에게 주는 상

남과의 비교가 아니라 어제의 아이와 비교해서 상을 주세요. 같은 상황에서 지난번에는 엉엉 울던 아이가 이번에는 꾹 참고 울지 않았다면 상을 받을 만합니다. 그 점을 콕 집어 말해주세요.

결과가 아니라 과정에 대한 상

결과가 좋지 않더라도 아이가 노력했다면 상을 주세요. 결과만 따진다면 아이는 요행을 바랄 수도 있습니다. 아이가 꾸준하게 자기조절능력을 키워가길 바란다면 좀 더 어려운 과제에 도전하는 모습, 잘하지 못해도 끝까지 포기하지 않고 노력하는 모습에 상을 주세요.

칭찬

아무리 아이가 특정한 물건을 좋아한다 해도 무엇보다 좋은 상은 부모의 인정과 관심입니다. 아이가 노력한다면 아끼지 말고 칭찬을 해주세요.

상보다 효과적인 높은 자존감

행동요법을 제대로 수행한다고 해도 상과 벌이 다는 아닙니다. 아이를 움직이는, 아이의 행동을 이끄는 데는 상과 벌보다 더 중요한 것이 있기 때문입니다.

초등학교 4학년 희준이의 별명은 까칠이입니다. 조그만 일에도 화를 잘 내서 붙여진 별명입니다. 부모님이 희준이를 데리고 희준이가 좋아하는 집 근처 돈까스집에 가기로 한 날이었습니다. 도착해 보니 공교롭게도 돈까스집이 쉬는 날이었습니다. 기대했던 돈까스를 먹지 못하게 된 희준이는 아니나 다를까 화를 냈습니다. 말도 안 되는 억지를 부리며 버럭버럭 소리를 질렀습니다.

"왜 하필 오늘 쉬냐고! 왜 쉬는 날 여길 왔냐고!"

길 가던 사람들도 다 돌아볼 정도였습니다. 부모님은 돈까스는 다음에 먹기로 약속하고 근처에 있는 치킨집으로 희준이를 데리고 갔습니다. 치킨을 먹으며 조금 달래지기는 했지만 희준이는 여전히 툴툴거리며 짜증을 부렸습니다.

희준이가 화를 안 낸 날은 용돈이나 먹을 것을 사주고, 반면 화를 낸 날은 게임을 못 하게 하는 식으로 부모님은 희준이의 화를 조절하려고 했습니다. 어떤 날은 이런 상과 벌이 효과가 있는 것처럼 보였습니다. 하지만 또 어떤 날은 전혀 효과가 없었습니다. 여전히 희준이는 늘 까칠하니 화를 잘 내는 아이였습니다.

부모님은 상과 벌을 주는 것 말고 다른 방법도 써봤습니다. 희준이가 까칠하게 굴거나 화를 내면 대응을 안 하고 최대한 냉정하게 굴었습니다. 반대로 화를 잘 다스리고 있으면 적극적으로 관심을 보이면서 칭찬해주었습니다. 이 방법도 어떤 날은 효과가 있는 듯이 보였지만 어떤 날은 전혀 도움이 되지 않았습니다.

그러던 어느 날 희준이가 강아지를 키우고 싶다고 했습니다. 부모님은 희준이가 강아지에게도 성질을 부리면 어쩌나 싶어 망설여졌습니다. 하지만 희준이가 하도 애원해서 드디어 2개월 된 강아지를 입양했습니다.

그러자 기적 같은 일이 일어났습니다. 희준이가 늘 웃는 아이가 된 겁니다. 성질을 부리는 횟수도 줄었고 어쩌다 성질을 부려도 그냥 살짝 짜증을 내는 정도로 넘어가게 되었습니다. 어떻게 이런 일이 있을 수 있나? 부모님은 신기하기만 했습니다.

강아지가 희준이를 따르니 희준이는 자기가 중요한 사람이

된 것 같았습니다. 조그맣고 연약한 강아지를 돌보면서 희준이는 스스로 중요한 사람이라는 자존감을 느꼈습니다. 상과 벌만으로는 결코 움직일 수 없었던 희준이의 마음을 강아지가 움직인 겁니다.

부모님은 희준이의 변화를 보면서 자신들의 잘못을 깨달았습니다. 희준이를 진심으로 인정하고 존중하지 않았다는 것이죠. 그저 화를 잘 내는 아이라고 생각했고 하루하루 상과 벌로 화를 다스리는 것에만 관심을 두었던 겁니다.

아이를 바꾸는 것은 단순한 상과 벌이 아니에요. 아이를 진정으로 아끼고 존중하고 인정하는 마음. 그것이 있어야 아이는 스스로 자존감을 키우고, 누가 시키지 않아도 스스로 감정을 조절하고 좋은 행동을 하게 됩니다. 자존감은 자기조절능력을 키우는 강력한 엔진입니다.

06

결국 신뢰의 문제다

1960~1970년대에 걸쳐 스탠포드 대학의 심리학자 월터 미셸Walter Mischel은 600명의 어린아이들을 데리고 참을성 실험을 했습니다. 이것이 그 유명한 마시멜로 실험이죠.

실험자는 3~5세 아이들을 한 명씩 실험실에 앉히고 그 앞에 마시멜로를 두었습니다. 그리고 아이에게 "내가 나갔다가 다시 올 텐데, 그때까지 마시멜로를 먹지 않고 기다리면 하나를 더 주마" 하고 약속했습니다. 실험자는 15분 후에 돌아와서 아이가 마시멜로를 먹지 않고 기다리고 있으면 마시멜로 한 개를 더 주었습니다.

실험 결과, 아이들의 반응은 몇 가지로 나뉘었습니다. 실험자의 말이 끝나기도 전에 마시멜로를 먹은 아이도 있었고 실험자가 나가자마자 먹은 아이도 있었습니다. 15분 동안 참아서 마시멜로를 두 개 받은 아이도 있었습니다.

마시멜로 실험이 유명해진 이유는 이 아이들이 커서 청소년기가 되었을 때 모습을 조사해서 발표한 후속 연구 때문입니다. 연구자들은 후속 연구를 통해 15분을 기다려서 마시멜로를 먹었던 아이들이 청소년기에 인지능력이나 학업성적이 더 좋다는 것을 발표했습니다. 이 실험은 사회에 큰 반향을 일으켰고 아이의 참을성을 키워주는 것이 교육에서 중요한 주제가 되었습니다.

마시멜로 실험의 허점

하지만 마시멜로 실험 결과에는 문제점이 있었습니다. 실험에 참가했던 600명 가운데 청소년기에 인지능력과 학습능력 조사에 참가한 아이는 50명이 채 되지 않았습니다. 게다가 대부분이 잘사는 백인 고학력 부모들의 아이였습니다. 그래서 이 결과를 가난한 집, 다른 인종, 저학력 부모들의 아이에게도 일반화시킬 수 있는지에 대한 의문이 제기되었습니다.

뉴욕 대학의 타일러 와츠Tyler Watts, UC 어바인의 그레그 던컨Grag Duncan와 호아난 콴Haonan Quan이 만 4세가량 아이들 918명을 대상으로 비슷한 실험을 했습니다. 918명 가운데 500명은 엄마가 고등교육을 받지 않은 아이들이었습니다. 그리고 이 아이들이 15세가 되었을 때 학습능력을 조사했습니다. 조사 결과, 아이 때 보인 참을성과 청소년기의 공부와는 큰 상관이 없었죠. 또한 마시멜로를 빨리 먹어치우는 것은 참을성보다는 아이의 가정환경과 관련이 있었고요. 가난한 집 아이들이 눈앞의 마시멜로를 더 금방 먹어치우는 경향이 있었습니다.

왜 가난한 집 아이들이 더 빨리 마시멜로를 먹었을까요? 가난한 집 부모는 경제적인 여유가 없어서 약속을 하고도 나중에 지키지 못했기 때문일 수도 있습니다. 그러면 아이들은 어른의 약속을 믿고 기다리기보다 눈앞의 음식을 먹어버리는 것이 더 확실한 방법이라고 생각하게 됩니다. 어른이 약속을 잘 지키면 아이가 더 잘 참는다는 설명입니다.

—— 기다리는 능력은 약속 지키기 나름

이런 설명을 뒷받침해주는 실험이 있습니다. 미국 로체스터 대학의 인지과학자 셀레스트 키드Celeste Kid 등은 어린이 28

명에게 미술활동을 할 거라고 말하고 크레용을 나누어주었습니다. 그리고 나중에 찰흙과 색종이를 더 주겠다고 약속했습니다. 그런데 그 가운데 14명에게만 찰흙과 색종이를 주고 다른 14명에게는 주지 않았습니다. 절반에게는 약속을 지키지 않은 겁니다.

이 아이들을 데리고 마시멜로 실험을 했습니다. 약속을 지켜서 찰흙과 색종이를 받았던 14명은 잘 참았어요. 평균 12분을 기다렸고 9명은 끝까지 참아서 마시멜로 하나를 더 받았습니다. 반면에 어른이 약속을 지키지 않았던 것을 경험한 14명은 평균 3분만 기다렸죠. 오직 1명만 끝까지 마시멜로를 먹지 않고 기다렸습니다.

가끔 진료실에서 가지고 놀던 장난감을 집에 가져가려는 아이들이 있습니다. 부모님들은 아이를 달래면서 약속합니다. "이거 두고 가면 아이스크림 사줄게" "네가 좋아하는 놀이터에 데리고 갈게" 이렇게 아이를 달래서 장난감을 두고 진료실을 떠납니다. 저는 그런 부모님을 보며 걱정이 됩니다. 당장은 저렇게 달래지만 약속을 지키지 않으면 다음에도 달랠 수 있을까 하는 걱정이에요. 아이들은 부모를 믿는 만큼 참고 기다린다는 것을 알기 때문입니다.

아이의 신뢰를 얻는 방법

자기조절능력이 강한 아이로 키우고 싶다면 부모가 아이의 신뢰를 얻는 것이 중요합니다. 아이의 신뢰를 얻으려면 일관된 양육을 해야 하죠. 다음은 일관된 양육을 위해 부모가 실천해야 하는 것들입니다.

지키지 못할 약속은 하지 않습니다

약속을 하기 전에 내가 이 약속을 잘 지킬 수 있을지 신중하게 생각해보는 것이 좋습니다. "너 이러면 다시는 아이스크림 안 사준다" 이런 식으로 아이를 협박하는 경우를 흔히 봅니다. 이것도 일종의 지키지 못할 약속이에요.

정말 다시는 아이스크림을 안 사주실 건가요? 분명 아닐 겁니다. 며칠 지나면 부모는 다시 아이스크림을 사줄 거예요. 부모 스스로 신뢰를 떨어뜨리는 행동입니다. 부모가 한 모든 말에 책임을 진다는 마음가짐이 필요합니다.

부모 자신의 감정을 다스립니다

아이와 약속을 지키는 것이 중요하다는 것을 모르는 부모는 없을 겁니다. 처음부터 약속을 어기려는 부모도 없습니다. 대부분의 부모들이 약속을 지키려고 노력합니다. 그러나 화가 난 상태에서 앞뒤 생각 없이 하는 말로 부모가 먼저 약속을 깨는 경우가 많습니다.

아이가 숙제를 마치면 그때부터 한 시간 동안 게임을 해도 좋다고 아이와 미리 약속을 했습니다. 숙제를 마친 아이가 게임을 하려고 하는데 동생이 와서 자기가 먼저 하겠다고 우깁니다. 형제간에 싸움이 나서 집이 시끄러워졌습니다. 화가 난 부모가 "형이 동생에게 그런 양보도 못하니? 너 오늘 게임하지 마!" 하고 소리를 지릅니다.

아이는 억울하고 속상합니다. 자신은 숙제를 다 마쳤는데 부모는 약속을 지키지 않았잖아요. 다음에는 어차피 게임을 못 할 수도 있으니 숙제를 열심히 하려는 열의도 줄어들게 됩니다.

먼저 부모 자신의 성질을 다스리세요. 후회할 말을 하지 마세요. 한 번 더 생각하고 말하세요. 아이에게 억울함을 남기지 마세요.

안정적인 정서 상태를 유지합니다

마음이 불안하고 우울하면 충동적으로 일을 처리할 가능성이 높습니다. 우울증이 있는 부모는 일관적으로 아이를 대하기 어렵습니다. 아이 앞에서 화를 조절하기 어렵다면 불안증이나 우울증이 있는 것은 아닌지 체크해보는 게 좋습니다. 만약 증세가 심하면 전문가의 도움을 받는 것도 고려해보세요.

적절한 휴식을 취합니다

너무 피곤해도 일관된 양육을 하기 어렵습니다. 특히 잠을 못 잔 다음 날은 부모도 예민해져서 충동적으로 아이를 대하기 쉽습니다. 아이를 위해서라도 적절한 휴식을 취하도록 합니다.

놀이의 활용

아이들은 놀면서 자기조절능력을 키웁니다. 아기 침대에 매달아둔 모빌을 손이나 발로 쳐서 움직이게 하며 노는 아이는 온몸을 사용하며 대근육에 대한 조절력을 키우는 중입니다. 레고를 하고 가위질을 하고 크레용으로 그림을 그리는 동안에는 손가락을 이용한 소근육에 대한 조절력이 발달합니다. 무엇을 만들지 계획을 하고 블록을 맞춰가는 아이는 계획하는 자기조절능력을 키우고 소근육에 대한 조절력을 키웁니다.

—— 친구와의 놀이는 자기조절능력 실습입니다

6세 아이 둘이 앉아서 소꿉장난을 합니다. "너는 아빠 해, 나는 엄마 할게" 하면서 본 대로, 상상한 대로 엄마 역할, 아빠 역할을 합니다. 나름의 연극을 기획하면서 아이는 계획하고 실행하는 자기조절능력을 키웁니다. 그렇게 놀다가 한 아이가 장난감 칼로 장난감 채소를 자르며 요리를 하겠다고 합니다. 다른 아이가 자기도 하겠다고 합니다. 칼은 하나밖에 없습니다. "알았어" 하면서 아이는 칼을 건넵니다. 자신의 것을 양보하며 참을성을 키웁니다.

8세 아이 둘이 앉아 보드게임을 합니다. 한 아이가 두 판을 연속해서 이겼습니다. 진 아이는 화가 납니다. 당장 '나 안 해' 하면서 보드게임 판을 엎고 싶습니다. 그러나 그랬다가는 이긴 친구가 다시는 나와 안 놀아줄 것 같습니다. 눈물이 날 정도로 화가 나지만 꾹 참아가며 다시 보드게임을 시작합니다. 두 판을 내리 이긴 아이는 신이 납니다. 의기양양해서 상대방을 약 올리고 싶습니다. '나는 천하무적이야, 난 항상 이긴다고' 그러나 진 친구 얼굴을 보니 속이 상해 울기 직전입니다. 이긴 아이는 하고 싶은 말을 꿀꺽 삼키고 다시 보드게임을 시작합니다. 그렇게 보드게임을 하며 아이는 이기고 질 때 생기는 감정을 스스로 조절합니다. 충동성 억제력을 키우고 감정 조절력을 키웁니다. 또한 보드게임의 규칙을 염두에 두면서 작업기억력, 집중력이 발달합니다.

아이의 능동적인 행동은 긍정 신호입니다

어른들이 보기에는 대수롭지 않거나 의미 없어 보이는 놀이도 있습니다. 예를 들어, 계단 오르내리기를 무한 반복한다든지 식탁 옆의 의자를 밀고 온 거실을 돌아다닙니다. 못하게 해도 싫증이 날 때까지 반복합니다. 이런 놀이들은 아이가 자신의 몸에 대한 통제력, 대근육에 대한 조절능력을 발달시키게 해줍니다. 아이는 자신의 발달 시기에 맞춰 놀잇감을 찾아냅니다. 그리고 그것을 반복하면서 자기조절능력을 키워갑니다.

제
3
장

자기조절능력의 발달 단계

07

0단계_ 애착으로 자기긍정감 키우기

자기조절능력은 안정 애착에 뿌리를 내리고 있습니다. 애착이 형성되는 시기는 사실, 아이의 노력보다는 부모의 반응이 중요합니다. 따라서 자기조절능력을 적극적으로 키우는 시기라기보다는 기초공사 정도로 이해하고, 혹시 현재 애착 형성이 제대로 되어 있지 않다면, 아이의 자기조절능력을 키워주는 한편 아이와의 관계를 돈독히 하는 노력도 필요합니다.

인간은 직립보행을 합니다. 골반이 넓어서 양다리 틈이 너무 멀면 날렵하게 두 다리로 걷기 어렵다 보니 인간은 직립보행의 대가로 좁은 골반을 갖게 되었습니다. 아기는 태어날 때 엄마의 골반을 지나 세상에 나옵니다. 아기의 머리가 너무 크면 좁은 엄마의 골반을 지나 나오기가 힘듭니다. 그래서 인간의 아기는 엄마의 배 속에서 너무 크게 자라기 전에 미성숙한 상태로 밖으로 나옵니다.

포유류 가운데 태어나자마자 걷지 못하는 것은 인간밖에 없습니다. 태어나서 최소한 1년은 지나야 겨우 걷기 시작하죠. 3년이 지나도 뛰다가 넘어지는 것이 다반사이고요. 이렇게 미성숙한 상태로 태어난 인간의 아기는 혼자서는 생존을 할 수가 없기에 돌봐주는 누군가가 꼭 있어야 합니다. 그래서 아기에게는 자기를 돌봐줄 사람과의 애착이 필요합니다. 아기에게 애착은 생존입니다.

애착은 발달의 기초공사

기초가 튼튼해야 집이 안전한 것처럼 애착이 안정적으로 잘 형성되어야 아기가 잘 자랍니다. 애착은 아기가 자신을 바라보고 세상을 바라보는 기준을 만들어줍니다. 안정적으로 애착을 형성한 아기는 자신과 다른 사람을 긍정적으로 바라보고, 세상을 따듯하고 안전하고 좋은 곳으로 여깁니다. 정서적으로 안정이 되고 다른 사람이나 세상을 대하는 것이 두렵지 않죠.

자기조절능력을 키우는 데도 애착이 기본 토양이 됩니다. 애착이 잘 형성된 아이는 스스로에 대한 믿음이 있고, 그렇기에 도전하고, 인내하고, 속상함도 참아내기 쉬운 것이지요. 애착은 아기와 주양육자의 공동작품입니다. 아기도 적극적으로 애착 형성에 참여해서 애착을 만들어갑니다.

본능적인 애착행동

태어난 직후부터 아기는 자신을 안고 바라보는 양육자의 얼굴을 쳐다봅니다. 양육자의 표정을 보고 따라서 합니다. 출생할 때부터 타고나는 뇌의 거울신경세포가 다른 사람의 얼굴을 보는 순간 활성화되어 그 사람의 표정을 따라하도록 하기 때문이죠. 표정은 감정입니다. 양육자의 감정을 포착하는 연습을 태어나자마자 벌써 시작하는 거예요. 태어난 지 몇 달 지나지 않아 아기는 웃고 옹알이를 하며 안아 달라고 합니다. 울던 아기가 안아주면 울음을 그치고 방글방글 웃습니다.

이런 모든 행동은 양육자를 아기의 근처에 있도록 합니다. 양육자가 멀리 가면 아기는 생존할 가능성이 줄어듭니다. 최대한 가까이에 양육자가 있어야 아기는 살 확률이 높아집니다. 아기의 예쁜 짓은 애착 형성에 매우 중요한 기능을 합니다.

6개월이 넘어가면서 아기는 주양육자에게 확실한 애착행동을 보입니다. 낯선 사람이 나타나면 경계하고 울음을 터뜨리는 등 낯가림을 하게 돼요. 조금 더 지나면 주양육자와 항상 같이 있으려고 하고 떨어지는 것을 극도로 무서워하죠. 이렇게 분리불안이 시작됩니다.

아기는 애착이 잘 형성된 주양육자를 통해 세상을 봅니다. 낯선 상황에서 주양육자의 표정을 보고 상황을 이해합니다. 예를 들어, 언뜻 낭떠러지같이 깊어 보이지만 안전하게 강화유리가 덮여 있는 곳을 처음 경험하는 아기는 부모의 얼굴 표정을 보고 안전 여부를 감지해요. 부모의 웃는 표정은 아기에게 용기를 줘서 새로운 것에 도전하게 합니다.

애착과 자기조절능력의 관계

주양육자가 아기의 상태를 민감하게 파악하고 즉각적으로 반응해주면, 그리고 반응에 일관성이 있다면 아이는 주양육자와 안정적인 애착을 형성합니다. 이런 보살핌을 받은 아이는 그렇지 않은 아이에 비해 감정 기복이 심하지 않아 감정조절능력도 잘 발달합니다.

실제 연구에서도 이런 사실들이 확인됩니다. 아기가 한 살 때 애착유형을 검사하고 6세와 11세가 되었을 때 다른 사람의 얼굴 표정을 보며 기분이 어떠한지 맞히는 감정인식능력 검사를 한 결과, 한 살에 안정적인 애착을 형성했던 아이일수록 감정인식능력이 좋았죠.

또한 안정적인 애착을 형성한 아이는 집중을 잘합니다. 그에 비해 불안정한 애착을 형성한 아이는 애착 대상과 관련된 불안으로 과제에 집중하지 못했습니다. 혼란형의 애착은 아예 어떤 것에도 집중하지 못하는 경향이 있었고요.

애착을 잘 형성하려면

아이와 애착을 잘 형성하는 부모의 특징을 살펴볼게요. 먼저, 아기의 상태를 섬세하게 아는 부모입니다. 잘 먹고 잘 자고 일어난 아기가 놀고 싶어 활기차게 부모를 쳐다봅니다. 아기가 놀고 싶다는 것을 알아차린 부모는 아기와 눈을 맞추며 놀아줍니다. 아기는 신나서 꺄르륵거립니다.

얼마 후 아기는 피곤해졌습니다. 하지만 자신의 상태를 말로 표현하지는 못합니다. 아기가 할 수 있는 것은 부모를 외면하는 것입니다. 섬세한 부모는 금방 알아차리고 아기를 안아서 토닥토닥 재워주죠. 그러나 섬세하지 못한 부모는 아이가 다른 곳을 쳐다봐도 억지로 얼러서 놀려고 해요. 짜증이 난 아이는 울음을 터뜨립니다.

섬세한 부모와 그렇지 않은 부모의 차이는 어쩌다 한 번이 아니라 하루에도 수없이 생깁니다. 쌓이고 쌓이면 애착에 차이가 생기겠죠. 섬세함의 차이가 애착의 차이로 나타나게 됩니다.

두 번째는 아기의 요구에 반응하는 부모입니다. 만약 아기의 상태를 섬세하게 알아차렸다고 해도 아무것도 하지 않으면 아기는 부모와 애착을 형성하기 어려워요. 아기의 울음소리를 듣고 아기가 배가 고프다는 것을 알고서도 부모가 여러 가지 이유로 아기를 그냥 울게 놔두면 아기는 계속 울면서 심한 스트레스를 받게 됩니다. 이런 스트레스는 애착 형성을 방해할 뿐 아니라 아기의 신경계 발달에도 악영향을 미칩니다.

정상적인 경우라면 아기가 우는데 방치할 부모는 없겠죠. 그렇지만 심한 우울증이나 알코올 중독 등 치료가 필요한 부모가 아기를 방치해서 정상적인 발달에 문제가 생기는 경우가 있습니다.

세 번째는 일관성 있는 부모입니다. 아기가 놀아 달라고 할 때 늘 한결같이 잘 놀아주는 부모와는 애착이 쉽게 형성됩니다. 그러나 부모가 기분에 따라 기복이 심한 경우, 안정적인 애착을 형성하기 어렵습니다.

08

1단계_ 감정을 말로 표현하는 법 배우기

대략 한 돌이 되면 아이는 단어를 말하기 시작합니다. 단어가 늘면서 다양한 것들을 말로 표현하죠. 감정도 그 가운데 하나입니다. 이전에는 자신의 감정이 뭔지도 모르고 표현도 못 하던 아이가 이제는 자신의 감정을 스스로 인식하고 말로 표현하기도 합니다. 뭔지도 모르는 감정을 다스리기는 어려운 일이에요. 그래서 감정 표현, 감정조절을 잘 하려면 먼저 그 감정이 무엇인지 알아야 합니다. 감정을 구별하고 감정에 이름을 붙일 수 있어야 하는 것입니다.

감정에 이름표를 붙이다

아이와 감정을 구별해서 이름 붙이는 놀이가 도움이 됩니다. "웃는 표정" 하면 웃는 표정을 짓고 "슬픈 표정" 하면 슬픈 표정을 짓는 놀이는 아이가 감정을 구별하고 감정에 이름을 붙일 수 있도록 도와줍니다.

다양한 표정이 있는 그림책을 이용하는 것도 좋습니다. 부모와 아이가 같이 슬픈 얼굴을 찾거나 웃는 얼굴을 찾으면서 감정에 이름을 붙이는 연습을 할 수 있습니다.

아이는 말을 시작하면서 자신의 감정을 조절하기 위해 언어를 사용하기 시작합니다. 예를 들어, 스스로 울음을 조절하려고 할 때 "뚝, 뚝"이라고 말을 하면서 울 수도 있습니다. 말한 대로 감정 조절이 안 된다고 해도 아이는 나름 노력하고 있는 것이니 "우리 우주가 울음도 참네. 잘했어요" 하는 식으로 칭찬을 하면 됩니다. 이런 연습을 반복하면서 점차 감정을 조절하는 법을 배우게 되죠.

던지지 말고 말로 해

걷기 시작하면 혼자 이동하면서 세상에 대한 호기심이 폭발합니다. 잠시만 한눈을 팔아도 저지레를 할 시기에 호기심이 폭발하는 아이와 이를 돌보는 부모 사이에는 수도 없는 실랑이가 벌어집니다. 아이가 하고 싶어 하는 것을 다 그대로 둘 수 없고 두어서도 안 되죠. 위험한 것은 제지해야 합니다.

자꾸 못 하게 하니 아이 입장에서는 성질이 날 수밖에요. 게다가 이 시기 아이들은 말로 유창하게 자신의 주장을 펼칠 수도 없잖아요. 그래서 몸으로 표현하는 경우가 많습니다. 바닥에 드러눕거나 물건을 던지고 사람을 때립니다.

말로 점잖게 감정표현을 하기 위해 이 시기부터 연습을 시켜야 합니다. 먼저 부모가 아이 마음을 읽어주세요. "소리가 화가 났구나" 그리고 아이의 언어 수준에 맞는 말로 화를 표현하도록 알려주세요. 이제 막 단어를 시작하는 아이라면 "싫어" "아니" 등이 적당합니다. 조금 더 말을 잘하는 아이라면 "'나 화났어'라고 말로 해"라고 알려주세요.

반복해서 알려주면 어느 날 아이가 물건을 던지는 대신 말로 화를 표현할 때가 있습니다. 그때는 아이를 크게 칭찬해주세요.

엄마, 아야?

사회성은 공감력에서 시작됩니다. 말을 하지 못할 때도 아이들은 공감력을 보입니다. 6개월도 되기 전에 아기는 이미 부모와 같이 울기도 하고 웃기도 합니다. 말을 하기 시작하면 아기는 말로 공감력을 표현하기 시작해요. 엄마가 발을 다쳐서 찡그린 얼굴로 쭈그리고 있으면 아이가 와서 걱정스러운 얼굴로 쳐다봅니다. 그러면서 말하죠. "엄마, 아야?"

아기의 공감력, 그리고 공감력을 말로 표현하는 능력을 키우려면 부모가 먼저 말로 표현해주세요. "수아가 화가 났구나." "윤기가 기분이 좋네" 하는 식으로요.

부모의 기분도 말로 표현해주세요. "엄마 기분이 좋다" "아빠 행복해" 이렇게 간단히 말해주면 됩니다. 이때 중요한 것은 부모의 말과 표정이 일치해야 한다는 거예요. 공감력은 상대방의 감정을 읽는 것에서 시작합니다. 상대방의 감정은 표정, 목소리 톤, 말하는 내용 등 다양한 단서를 통해 읽을 수 있습니다.

아이가 밥을 안 먹어 부모가 화가 났습니다. 그러나 너무 자주 화를 내는 것 같아서 꾹 참으려고 합니다. 이상한 낌새를 눈치챈 아이가 묻습니다. "엄마 아빠, 화났어?" 부모는 화를 꾹 참으면서도 화가 잔뜩 난 목소리, 굳은 표정으로 소리칩니다. "화 안 났다니까!" 아이는 부모가 화가 난 것 같기도 하도 아닌 것

같기도 해서 헷갈려서 부모의 눈치를 계속 살핍니다.

아이의 공감력을 키우고 싶다면 표정, 목소리, 톤을 일치시켜야 합니다. “네가 밥을 안 먹어서 엄마 아빠가 화가 났어”라고 사실대로 말하는 것이 낫죠. 그러면 아이는 부모의 감정을 알고 대처방법을 배워갈 겁니다.

09

2단계_ 해야 할 것과 하지 말아야 할 것 구분하기

이 전에는 부모의 양육이 자기조절능력의 토대를 만드는 시기였다면, 이 시기부터는 아이가 사회 속에서 스스로 자기조절능력을 키우는 주체가 됩니다. 습득한 정보를 활용해 내가 해야 할 것과 지금 하지 말아야 할 것을 구분할 수 있어야 합니다. 줄을 서서 기다릴 줄 알아야 하고 화가 난다고 친구를 때리면 안 된다는 것을 알아야 합니다. 앉아서 책을 읽을 수 있어야 하고, 간식으로 배를 채우면 안 된다는 것을 알아야죠.

사람마다 자신을 설명하는 말들이 있습니다. 나는 누구인가? 나는 어떤 특징이 있나? 나는 무엇을 했나? 이런 질문들에 대해 대략 자신을 설명할 수 있습니다. '나는 엄마이자 딸이고 아내이다.' 이렇게 가족 안에서 나의 위치를 설명할 수도 있어요. '나는 정직하고 남을 배려하는 사람이다.' 이렇게 자신의 성격적인 특성을 이야기할 수도 있고요. '나는 지난 일요일에 가족들과 같이 놀이 공원을 갔다.' 이렇게 자신이 뭘 해왔는지로 설명할 수도 있습니다.

자아개념은 나라는 사람에 대한 설명입니다. 언어능력이 좋아지면서 아이는 자신을 설명하는 능력, 자아개념도 더 발달합니다.

나는 똑똑이에요

자신을 울보라고 말하는 아이와 자신을 똑똑이라고 말하는 아이 사이에는 큰 차이가 있습니다. 부정적으로 자신을 설명하는 아이, 즉 부정적인 자아개념을 가진 아이는 자신감과 자존감이 떨어지고 적극적으로 자신을 조절하려는 의지도 떨어집니다. 반대로 긍정적인 자아개념을 가진 아이는 자신감과 자존감이 좋고 더 잘하려는 의지가 있죠.

긍정적인 자아개념은 자기조절의 강력한 동기가 됩니다. 긍정적인 자아개념을 가진 아이, 자신에 대해 긍정적으로 이야기하는 아이가 당연히 자기조절능력을 키우는 데 유리해요. 자기 조절능력이 잘 발달하려면 이 시기에 아이가 긍정적인 자아개념을 가질 수 있도록 도와줘야 합니다.

아직 자아개념이 확고하지 않은 어린아이들은 주변의 영향을 많이 받습니다. 부모가 늘 "이 울보야, 왜 또 울어?"라고 이야기하면 아이는 자신이 잘 우는 아이라는 부정적인 자아개념을 갖게 돼요. 반면에 "우리 똑똑이, 잘했네"라는 말을 많이 해주면 아이는 긍정적인 자아개념을 갖고 더 잘하려고 노력할 거예요.

그래서 부모의 말이 중요합니다. 아이가 잘못한 일이 있을 때 "넌 왜 맨날 그 모양이야?"라는 말은 비수처럼 아이의 자아개념을 해칩니다. 그보다는 "우리 똑똑이가 항상 잘했는데 이 일은 잘 못했네"라고 말하는 것이 좋아요. 아이 자체를 비난하는 것이 아니라 아이가 잘못한 일에 대해서만 꾸중해야 아이가 부정적인 자아개념을 갖지 않습니다.

나는 과자, 친구는 사탕을 주세요

이 시기 아이들은 다른 사람의 입장에 대해 점점 더 잘 이해하게 됩니다. 과자를 좋아하는 아이가 있습니다. 친구와 사이좋게 놀아서 부모가 상을 주겠다고 합니다. 나와 남이 다르다는 것을 구별하지 못하던 아기 때는 내가 좋아하는 과자를 친구도 좋아할 거라고 생각해요. 그러나 자아개념이 생겨서 나와 남을 구별하고 남에 대해 설명할 수 있는 능력이 생기면 나와 남이 좋아하는 것이 다를 수 있다는 사실을 이해하기 시작합니다. 아이는 친구가 과자보다 사탕을 좋아하는 것을 알고 있습니다. 그래서 부모에게 이야기합니다. "나는 과자를 주고 친구는 사탕을 주세요"라고요.

공감력에는 감정적인 공감력과 인지적인 공감력이 있습니다. 감정적인 공감력은 타고납니다. 누가 가르치지 않아도 아파서 우는 사람을 보면 나도 아픈 듯 느끼고, 기뻐하는 사람을 보면 같이 기분이 좋아집니다. 인지적인 공감력은 다른 사람의 입장을 생각하고 이해하면서 가능해지기 때문에 경험과 훈련을 통해 발전합니다.

인기 있는 사람은 감정적인 공감력뿐 아니라 인지적인 공감력도 좋아요. 다른 사람의 마음을 헤아리고 배려심 있는 아이로 키우고 싶다면 자주 다른 사람의 입장을 생각해보도록 기회를 주어야겠죠.

해도 되는 말, 하고 싶은 말

"엄마, 저 할머니 몸에서 냄새 나."

엄마와 함께 아파트 엘리베이터를 탄 유민이가 말했습니다. 엘리베이터 안에는 동네 할머니와 아파트 주민 몇 명이 같이 타고 있었습니다. 엄마는 무안해서 얼굴이 빨개지며 유민이에게 조용히 말했습니다.

"그런 말 하는 거 아니야."

할머니가 인자하게 웃으시며 말씀하셨습니다.

"할머니가 나이가 들어서 그런 거야."

다행히 할머니가 너그럽게 봐주셔서 곤란한 순간을 잘 넘겼지만 엄마는 한숨이 나옵니다. 이 눈치 없는 아이를 어떻게 해야 하나 싶어서요.

사람 많은 거리에서 다른 사람이 들고 가던 가방이 내 팔을 치고 지나갔습니다. 그 사람이 당황하며 "죄송합니다"라고 말했습니다. "괜찮아요"라고 말하고 서로 갈 길을 갑니다. 사람들은 괜찮지 않더라도 그냥 "괜찮아요"라고 넘어갈 때가 많죠. 성숙한 어른이라면 하고 싶은 말과 해야 할 말을 구분합니다.

남들 마음이 내 마음과 다를 수 있다는 것을 아이가 이해하기 시작하면 하고 싶은 말과 해야 할 말을 구별하도록 알려주어야 합니다.

"네가 그렇게 말하면 할머니가 속이 상해. 그러니까 다음에는 그런 생각이 들어도 말하지 말자."

이런 식으로요. 아이는 남들의 마음을 배려해서 하고 싶은 말을 참는 자기조절능력을 배워야 합니다.

마음의 상자

생각이 바뀌면 세상이 바뀝니다. 누군가 내게 서운한 일을 했을 때 '나를 무시해서 그런가?'라고 생각하는 것보다 '그 사람도 사정이 있었겠지'라고 생각하면 한결 마음이 편해집니다. 곧 있을 시험을 앞두고 '떨어지면 어쩌나' 걱정하는 것보다 '걱정은 나중에 하고 오늘은 오늘 할 일만 하자'라고 생각하면 공부에 집중하기가 한결 수월해집니다. 생각을 바꿔서 마음을 다스리는 일, 어른들은 매일 하는 일이지만 아이들은 이제 시작이에요.

지안이는 겁이 많은 아이였습니다. 귀신이 나올 것 같다면서 화장실도 혼자 못 가고 밤에 불도 못 끄게 했습니다. 저는 지안이에게 마음속에 상자를 만들라고 했습니다. 그리고 귀신 생각이 나면 그 귀신을 마음 상자 속에 가두자고 했습니다.

"그 상자는 아주아주 튼튼해서 한 번 가두면 절대 못 나온대."

제가 이렇게 말하자 지안이는 재미있어 하며 마음속에 상자를 그렸습니다. 그리고 귀신을 그 상자 안에 가두었습니다. 단지 상상만으로 지안이는 훨씬 겁을 덜 내게 되었습니다.

이 시기 아이는 언어 능력이 자라고 상상력이 커지면서 생각으로 마음을 다스리는 연습을 시작합니다. 언어와 상상력을 이용해서 자기조절능력을 키워가는 것이죠.

10

3단계_ 자존감과 도덕심, 인내심

초등학생 때 갖춰야 할 자기조절능력 중 가장 중요한 것은 자존감과 도덕심, 인내심이라 할 수 있습니다. 자존감은 아이가 앞으로 경험할 예측하지 못할 사건과 시련에도 상황에 굴하지 않고 자신을 지킬 힘이 됩니다. 한편 도덕심은 아이를 유혹과 충동에서 구해줄 뿐 아니라 남을 돕거나 규칙을 지키는 등 사회성에도 매우 큰 영향을 줍니다. 마지막으로 인내심은 힘들고 지루한 것을 참고 이겨낼 수 있는 힘이 됨으로써, 학습력의 밑바탕이 되지요.

옆에 있던 사람이 손가락을 베었습니다. 손가락에서 피가 뚝

뚝 떨어지고 고통스러워 얼굴을 찡그립니다. 그 모습을 본 나도 마치 내가 손가락을 벤 것처럼 몸서리가 쳐집니다.

사람은 공감의 동물입니다. 옆 사람이 아파하면 나도 아픈 듯 느껴져요. 내가 생각하기도 전에 나의 뇌에서 자동적으로 반응이 일어납니다. 뇌 안의 섬insula이라는 곳이 자동적으로 활성화되기 때문이에요.

도덕적인 사람의 뇌

그런데 섬은 누군가 나를 속였을 때에도 활성화됩니다. 마치 손가락을 베여서 고통스러운 사람을 봤을 때 내가 몸서리치듯이, 누군가에게 속으면 나의 뇌가 고통스럽게 반응합니다. 뇌는 그 느낌을 오래 기억합니다. 그래서 한 번 나를 속인 사람에 대한 불쾌한 기분이 오래가는 거예요. 신용을 잃으면 다시 얻기 어려운 이유가 뇌 안에 숨어 있습니다. 정직하지 않은 사람을 뇌가 본능적으로 싫어합니다.

혼자서 사는 세상이라면 도덕이란 필요하지 않을 수도 있습니다. 그러나 더불어 사는 사회에서 정직함은 빼놓을 수 없는 미덕이죠. 정직하지 않은 사람은 어디에서도 환영받지 못합니다. 아이가 어릴 때부터 정직하도록 가르쳐야 하는 이유입니다.

거짓말, 도둑질을 안 하는 이유

아이들이 거짓말이나 도둑질을 하지 않는 이유는 나이에 따라 다릅니다. 어릴수록 혼이 나지 않으려고 바른 행동을 합니다. 대략 4, 5세 이전의 아이들은 겉으로 드러나는 행동만으로 옳고 그름을 판단합니다. "엄마 아빠를 돕기 위해 설거지를 하다가 접시 열 개를 깬 아이와 장난치다가 접시 한 개를 깬 아이 가운데 누가 더 혼이 나야 할까?" 하고 물어보면 이 시기 아이들은 접시 열 개를 깬 아이가 더 혼나야 한다고 대답합니다. 의도야 어찌 되었든 접시를 더 많이 깼기 때문입니다. 좋은 의도로 했다든지, 사정이 있었다든지 하는 다른 조건들은 아직 고려하지 못해요. 나쁜 행동은 혼나야 하고 혼나지 않는다면 나쁜 행동이 아니라고 단순하게 생각합니다.

이 수준의 도덕심에 머물러 있는 아이들은 다른 사람의 물건이 가지고 싶을 때 어른들이 없으면 물건을 그냥 가져올 수도 있습니다. 들켜서 혼나지만 않으면 괜찮다고 생각하니까요. 심지어 한 번 혼나면 그만이라고 생각할 수도 있고요. 초등학교 고학년이 지나 중학생이 되었는데도 도덕심이 이 정도 수준이라면 심각하게 걱정해야 합니다.

왜 이런 행동을 거침없이 하는 아이가 될까요? 칭찬을 듣기보다 야단을 많이 맞고 큰 아이들은 자존감이 낮습니다. 자존감이 낮은 아이들은 칭찬이나 인정을 받기 위해서가 아니라, 혼나지 않기 위해 바른 행동을 합니다. 그래서 주변에 혼낼 사람이 없거나, 들키지 않을 것 같거나, 혼나도 별일 아닌 것 같으면 거리낌 없이 거짓말을 하거나 도둑질을 합니다.

자존감은 도덕적인 자기조절능력을 키우는 데 매우 중요한 역할을 합니다. 자존감이 낮은 아이들은 자기조절능력을 키우기 어려워요.

남이 보지 않아도 바른 행동을 하는 아이

초등 아이들은 자기 자신에 대한 설명, 즉 자아개념 속에 더 다양한 요인들이 포함됩니다. '나는 운동은 잘하지만 노래는 못한다'는 식으로 자신의 장점과 단점을 나누어 생각할 수도 있어요. '누구 집은 아파트가 40평인데 우리 집은 30평이다'는 식으로 다른 사람과 사회적인 특징들을 비교하기도 해요. 남들이 보는 나를 의식해서 소위 평판에 대해 생각하기 시작해요. 이전에는 단순히 혼나지 않으려고 도둑질을 하지 않았다면 이제는 나의 평판을 신경 써서 도둑질을 하지 않게 됩니다.

자아개념이 확장될수록 다른 사람을 이해하는 마음도 커집니다. 그러면서 이성적인 공감력이 자라게 되죠. 물건을 잃어버린 사람의 속상한 마음을 헤아려서 도둑질을 하지 않게 됩니다.

자존감이 낮은 아이는 자신에 대한 기대치가 낮기 때문에 길게 앞을 보고 목표를 세우지 않습니다. 목표가 있어도 스스로에게 잘하리라는 기대가 없기 때문에 열심히 하지 않습니다. 그러나 자존감이 높은 아이는 자신에 대한 기대치가 높아서 스스로 목표를 정하고 목표를 이루려는 동기가 강합니다. 높은 자존감은 자기조절능력에 날개를 달아줍니다.

Part 2

아이의 자기조절능력 연습

제
4
장

자기조절능력 1단계:

감정의 탄생과 감정 조절 연습

아이가 돌이 지나면 두 가지 커다란 변화가 생깁니다. 엄마, 맘마 등 간단한 단어를 하면서 말로 의사소통하기 시작한다는 것, 그리고 걷기 시작한다는 것이죠. 이 두 가지는 아이의 발달을 한 단계 업그레이드시키는 획기적인 사건입니다.

말이란 머리 바깥 세상에 있던 사물이나 사람이 머릿속에 들어와 상징화된 결과입니다. 나무에 달려 있거나 마트 가판대에 있던 무언가는 사과라는 단어를 통해 내 머릿속에 떠오르게 됩니다. 서로 다른 사람이라도 같은 단어를 통해 같은 것을 머릿속에 떠올리니 말을 통해 의사소통이 가능해집니다.

걷기 시작한 아이는 그 전에는 누워서만 보던 세상, 기어서 겨우 보던 세상을 이제는 직접 만져보며 탐색합니다. 하고 싶은 것, 가고 싶은 곳, 만지고 싶은 것이 너무나 많습니다. 자율성과 독립성이 부풀어 오릅니다. 이를 제지하는 부모와 마찰이 생기게 되죠. 아직 말이 서툴러서 원활한 의사소통은 불가능하니 떼와 고집이 나올 수밖에요.

부모의 딜레마가 시작됩니다. 못 하게 하자니 아이의 자율성, 독립성이 자라지 못할 것 같고, 하게 하자니 아이의 안전이나 잘못된 습관 같은 것들이 걱정됩니다. 유소년기부터 부모의 허용과 제한, 그리고 그 사이의 적절한 균형을 통해 아이의 자기조절 능력이 폭풍 성장합니다.

01

잠드는 걸 어려워할 때

잠은 환경에 영향을 많이 받습니다. 너무 덥거나 추워도 잠들기가 어려워요. 너무 소란스럽거나 밝아도 잠들기가 힘들고요. 아이의 잠은 환경에 더욱 민감합니다. 특히 가족의 생활 패턴에 따라 영향을 받습니다. 아이에게는 자라고 하면서 어른들은 거실에 앉아 큰 소리로 이야기하거나 TV를 본다면 방 안의 아이는 잘 자지 못해요. 아이가 잠들 시간에 부모가 귀가하면 소란한 분위기 탓에 잘 시간을 놓칩니다. 아이가 잘 못 자는 것은 대부분 환경 탓입니다.

아이가 잠을 못 잔다고 병원에 데리고 오는 경우가 있습니다.

그때 제가 가장 먼저 확인하는 것은 아이의 잠자리 환경이에요. 누구와 어디에서 몇 시에 잤는지, 아이가 안 자려고 할 때 부모가 어떻게 했는지 등을 꼼꼼히 확인합니다. 어제는 부모와 같이 잤는데 오늘은 할머니와 자라고 하고, 어제는 늦게까지 놀게 두었으면서 오늘은 일찍 자라고 하면 아이는 쉽게 잠들지 못합니다. 자주 바뀌는 환경과 부모의 비일관된 행동들이 아이의 잠을 방해합니다. 아이가 쉽게 잠들기 위해서는 그럴 수 있는 환경을 만들어주어야 합니다.

잘 잠들 수 있는 환경을 만들어야 하는 이유

일정한 시간에 일정한 장소에서 규칙적으로 잠들면 아이는 쉽게 잠에 들 수 있을 뿐 아니라 안정적으로 시간을 관리하는 방법을 배웁니다. 언제까지 놀아야 할지, 언제 잠자리에 들어야 할지 예측하는 방법을 알게 되죠. 미래를 예측하고 일상을 관리하는 것은 자기조절능력에 있어서 중요한 부분입니다.

✦ 부모의 흔한 실수

어른들의 일정에 맞추어 아이를 재우지 마세요

부모가 깨어서 놀거나 일하면서 아이에게만 자라고 하면 아이는 쉽게 잠들지 못합니다. 부모가 피곤한 날은 아이에게 일찍 자라고 하고 부모가 늦게까지 노는 날은 아이도 덩달아 늦게까지 놀게 둔다면 아이가 일정한 시간에 잠들기 어렵습니다.

갑자기 자라고 하지 마세요

한창 아이가 놀고 있는데 부모가 피곤하다고 아이에게 갑자기 자라고 하면 아이는 쉽게 잠들지 못합니다. 부모가 아이에게 언제 자라고 할지 모르면 아이도 불안합니다.

잠자리를 자주 바꾸지 마세요

잠자리 장소나 재워주는 사람이 자주 바뀌면 아이는 쉽게 잠들지 못합니다. 불안한 아이들은 환경의 변화에 특히 민감합니다. 낯선 환경이 되면 더욱 잠들기가 어렵습니다.

안 잔다고 야단치지 마세요

아이가 잠들지 않는다고 야단을 치고 겁을 주지 마세요. 불안하고 겁에 질리면 아이는 잠드는 것을 더 힘들어합니다.

✦ 이렇게 하세요

좋은 잠자리 환경을 만들어주세요

어둡고 조용한 곳, 서늘한 곳, 익숙한 곳이 잠들기 좋습니다. 아이가 늘 일정한 시간에 일정한 곳에서 일정한 사람과 자는 환경을 만들어주세요.

잠자리 의식을 만들어주세요

뇌가 잘 시간이 되었다는 것을 알도록 습관을 만들어주세요. 잘 시간이 되면 조도를 낮추고 양치질을 하고 잠옷을 갈아입는 등 일정한 행동을 하도록 해주는 것이죠. 이런 잠자리 의식을 통해 뇌는 '잘 시간이 되었구나'라고 인지합니다. 잠자리 의식은 아이의 불안도 다독여서 쉽게 잠들 수 있게 합니다.

유난히 잠을 못 잘 때는 몸이 아픈 것은 아닌지 확인하세요

아픈 아이는 잘 못 잡니다. 꼭 통증이 아니어도 어딘가 염증이 있는 경우, 잠들기 어렵습니다. 유난히 잠을 잘 못 자고 보챈다면 어딘가 아픈 것은 아닌지 살펴보세요.

02

심하게 고집을 부릴 때

어른은 자신의 감정 상태가 어떤지 생각할 수 있습니다. 또 상황이나 상대에 따라, 적절히 행동과 감정을 조절할 수 있습니다. 하지만 아이는 자신의 마음을 제대로 모릅니다. 조리 있게 원하는 것을 표현하지도 못합니다. 그러면서 막무가내로 떼를 쓰고 고집을 부리면 부모로서 어떻게 대처해야 할지 막막합니다. 특히 사람 많은 곳에서, 정숙해야 할 장소에서 아이 고집이 시작되면 진땀이 나죠. 아이의 불편함을 해소해줘야 할지, 아니면 참는 법을 가르치기 위해 엄하게 훈육해야 할지 고민도 됩니다.

왜 고집을 부릴까?

기질

선천적으로 고집이 센 아이들이 있습니다. 이런 아이들은 예민하고 까다로운 경우가 많아요. 변화에 쉽게 적응하지 못하고 감정기복이 심해서 같은 상황에서 순한 아이들보다 감정 표현을 세게 합니다.

자의식

원하는 것이 생기거나 하기 싫은 일이 있을 때 아이들은 고집을 부립니다. 고집을 부린다는 것은 정상적인 발달의 증거예요. 말로 타협이 가능해지는 시기가 되면 고집도 차츰 줄어들게 됩니다.

불안

불안한 상황이 되면 아이는 감정조절이 어렵습니다. 낯선 환경에 가거나 몸이 아파도 고집을 더 심하게 부립니다. 불안을 스스로 조절하는 능력이 커질수록 나아집니다.

✦ 부모의 흔한 실수

아이를 설득하려고 말이 길어집니다

부모가 안 된다고 했는데 아이가 고집을 부리면 아이를 설득하려 드는 경우가 있습니다. 아이가 쉽게 고집을 꺾지 않으면 부모의 말이 길어지게 되고, 아이는 아직 타협의 여지가 있다고 생각해 계속 고집을 부려요. 이 과정에서 부모도 아이도 감정이 올라옵니다. 흥분해서 목소리가 커지고 감정적으로 대응하게 됩니다. 아이의 고집을 꺾어 상황이 종료된 후에도 부모나 아이 모두 감정적으로 상처를 입죠. 아이의 고집대로 상황이 종료되면 아이는 끝까지 고집을 피우면 해결된다고 생각하고요. 다음에는 더 심하게 고집을 피울 수 있습니다.

일반화합니다

아이가 계속 고집을 부리면 흥분한 부모는 아이를 혼냅니다. 그러면서 "넌 왜 맨날 이래?"라고 일반화합니다. 아이의 고집을 꺾으려다가 자존감을 해칠 수 있어요. 아이를 비난하지 말고 아이가 고집을 부리는 그 상황에 초점을 맞추어야 합니다.

아이를 협박합니다

"너 이러면 내다 버린다" "다시는 슈퍼 안 데리고 온다" 이렇게 아이를 협박하는 경우가 있습니다. 아이의 불안감을 키워서 다음에는 더욱 고집 센 아이로 만들 수 있습니다.

아이와 협상을 합니다

"아빠 말 들으면 아이스크림 사줄게." 이렇게 조건을 걸어 협상을 합니다. 당장은 아이가 고집을 꺾고 부모의 말을 들을 수 있어요. 그러나 다음에 아이는 또 다른 협상을 기대하게 됩니다. 고집을 꺾는 대신 댓가를 바랄 것이고, 부모가 아이의 고집을 다루는 것이 더 어렵고 복잡한 과정이 됩니다.

부모가 못 참고 성질을 부립니다

화가 난 부모가 소리를 지르거나 물건을 던지고 체벌을 하는 경우도 있습니다. 아이의 자기조절능력은 부모를 따라갑니다. 다음에 아이는 부모가 했던 것처럼 똑같이 성질을 부릴 수 있습니다.

✦ 이렇게 하세요

빨리 결정하세요

아이의 고집을 들어줄지 말지 빨리 결정하세요. 아이의 안전에 위협이 된다든가 이전에 안 된다고 규칙을 정했던 것이라면 곧장 안 된다고 하세요. 반대로, 아이의 고집대로 해도 별 문제가 없다고 판단되면 얼른 허락해주세요.

예방을 하세요

아이가 고집을 부려서 다루기 힘들었던 상황들이 있을 거예요. 자주 반복된다면 그런 상황은 미리 피하는 것이 좋습니다. 예를 들어, 슈퍼의 장난감 코너에만 가면 사 달라고 고집을 부리며 드러눕는 아이라면 아예 장난감 코너 쪽은 피해 다니는 것도 방법이에요. 아이가 고집을 부리는 상황을 그때그때 메모하다 보면 어떤 상황을 미리 피해야 할지 알 수 있습니다.

미리 알려주세요

갑작스러운 변화는 어른도 감당하기 어려울 때가 있습니다. 아이들은 더합니다. 아이가 스트레스를 받을 상황이거나 고집을 부릴 것 같은 상황이 생기게 되면 미리 알려주고 약속을 하세요. 예를 들어, 치과에 가게 된다면 수일 전부터 치과에 간다는 것을 알려주고 치료를 잘 받으면 아이가 좋아하는 상을 주겠다고 약속을 하는 것이죠. 아이의 불안이 심하다면 역할 놀이 등을 통해 적응하는 연습을 미리 시키는 것도 좋습니다.

짧고 단호하게 이야기하세요

말이 길어져 아이가 타협의 여지가 있다고 받아들이지 않도록 해야 합니다. 들어주지 않기로 결정했다면 짧고 단호하게 이야기하세요. "엄마 아빠가 이건 안 된다고 했지. 절대 안 돼!" 이런 식으로요.

일관성이 중요합니다

언제는 들어주었다가 또 언제는 안 들어주는 식으로 부모가 일관성이 없으면 아이는 들어줄 때까지 고집을 부리게 됩니다. 일관성을 유지하세요.

칭찬을 해주세요

아이가 고집을 꺾으면 반드시 칭찬의 말을 해주세요. 약속을 지킨 것도 칭찬하고, 지난번과 비교해서 나아진 것도 칭찬하세요. 칭찬은 가장 좋은 상입니다. 아이가 자기조절능력을 키우는 데 좋은 동기가 됩니다.

03

애착 물건에 집착할 때

담요든 베개든 아이가 유독 집착하는 물건이 있습니다. 애착 물건이라는 건데 아이의 불안을 달래주는 좋은 녀석이죠. 아이의 정상적인 발달 과정에서 볼 수 있습니다.

아이가 주양육자와 애착이 형성된 생후 10개월 정도가 되면 분리불안이 나타납니다. 이 무렵 아이들은 눈앞에서 사라지면 존재마저 사라지는 것이라 여겨요. 부모가 안 보이면 부모가 없어진 줄 알고 심하게 불안해합니다. 그럴 때 부모의 대용품이 애착 물건입니다.

애착 물건의 운명

부모가 눈앞에 없어도 부모가 사라진 것이 아니고 다시 온다는 것을 아는 나이는 대략 3세입니다. 이때쯤 되면 부모와 잘 떨어져 있고 애착 물건에 대한 집착도 거의 사라져요. 그렇지만 주양육자와 애착 형성이 불안정해서 주양육자가 다시 돌아올 것에 대한 믿음이 없는 경우, 기질적으로 불안이 많은 경우, 가정불화나 부모의 우울증이 있는 경우, 돌보는 사람이 자주 바뀌거나 너무 많은 경우 등으로 인해 불안한 아이는 3세가 훨씬 지나서까지 애착 물건에 집착을 보일 수 있습니다.

✦ 부모의 흔한 실수

애착 물건을 숨기거나 버리지 마세요

아이가 불안할수록 애착 물건에 대한 집착이 더 심해집니다. 그렇다고 해서 애착 물건을 강압적으로 떼 놓거나 몰래 버리는 것은 아이의 불안을 더욱 자극하는 것입니다. 애착 물건이 없으니 집착하는 행동은 안 나타날 수 있지만 다른 형태로 불안이 표출됩니다. 투정을 부리거나 짜증을 내고 더 예민해질 수 있어요. 고집이나 떼가 심해질 수도 있고요. 잠을 푹 자지 못하기도 합니다. 심한 경우 분리불안장애 증세를 보일 수도 있습니다.

✦ 이렇게 하세요

애착 물건을 챙겨주세요

애착 물건에 집착하는 것은 정상적인 발달 과정이므로 아이가 애착 물건을 곁에 두도록 도와주세요. 부모가 눈앞에 안 보여도 다시 올 거라는 믿음이 생기고, 불안을 조절하는 자기조절능력이 커지면서 애착 물건에 대한 집착은 저절로 사라집니다. 아이가 스스로 버려도 된다고 결정할 때가 애착 물건을 없앨 가장 좋은 때입니다.

아이를 불안하게 하는 것들이 있는지 확인해보세요

애착 물건에 대한 집착이 강하고 오래간다는 것은 그만큼 특정한 무언가로 인해 아이의 불안이 계속되고 있다는 의미입니다. 부모가 아이 몰래 사라지거나, 아이를 겁먹게 하거나, 가정불화나 부모의 우울증이 있거나, 돌보는 사람이나 환경이 너무 자주 바뀌고 있는지 등을 확인해보세요.

세탁이 필요하다면 잘 설명해주세요

애착 물건을 세탁해야 할 때가 있습니다. "너무 더러워서 병 생긴대. 수현이도 목욕하지? 이 아이도 깨끗하게 목욕해야 병이 안 생겨" 이런 식으로 아이의 눈높이에 맞춰서 설명해주세요. 세탁한 후에는 아이의 눈에 띄는 곳에서 건조해주세요. 아이에게 애착 물건이 어디 있는지 알려주시고, 다 말라야 건강해진다고 이야기해주세요. 말리는 동안 아이가 만져보고 얼마나 건조되었는지 확인하게 하는 것도 좋습니다.

집에 두고 나왔을 때 안심시켜 주세요

외출할 때 애착 물건을 집에 두고 올 때가 있습니다. 애착 물건이 없어 울며 보채는 아이에게 화를 내지 말고 불안한 마음을 이해해주고 "집에 잘 있어. 이따 집에 가서 제일 먼저 그 애부터 보자"라고 안심시켜주세요. 아이가 불안을 잘 견디도록 계속 관심을 주고 아이가 잘 견디는 것을 칭찬해주세요. 이런 과정을 통해 아이는 스스로 불안을 조절하는 자기조절능력을 키워갑니다.

04

쉽게 화를 내거나 짜증을 낸다면

짜증이 많은 아이는 불안한 감정을 화나 짜증으로 표현하고 있는 것일 수 있습니다. 아이는 불안이 무엇인지 잘 모릅니다. 말을 할 줄 아는 아이라고 해도 스스로 불안하다고 말할 줄 모릅니다. 다양한 행동으로 불안을 표현할 뿐이에요. 어른이 감지하지 못하면 아이는 자신이 불안한 건지, 그 불안을 어떻게 달래야 하는지 모릅니다.

그래서 아이가 불안할 때 나타나는 다양한 증세들에 대해 부모가 먼저 알고 있어야 합니다. 다음과 같은 행동들을 보이면 아이가 불안한 것은 아닌지 확인해봐야 합니다.

투정, 짜증을 많이 부린다.

잘 운다

떼를 많이 쓴다.

부모와 안 떨어지려고 한다.

겁이 많다.

깊이 못 잔다.

왜 불안할까?

적당한 불안은 정상입니다. 겁이 하나도 없는 아이들이 더 위험할 수도 있어요. 그러나 도가 지나치다면 원인을 찾아봐야 합니다.

타고난 기질로 인해 쉽게 불안해지는 경우가 있습니다. 기질은 유전적인 영향도 있으므로 가족 중에 쉽게 불안해하거나 불안 수준이 높은 사람이 있을 수 있습니다. 불안을 타고난 아이가 불안한 부모를 만나면 상승 작용이 생길 수도 있으니 특히 주의해야 합니다.

돌보는 사람이 많이 바뀌는 경우, 주변이 지나치게 혼란스럽고 시끄러운 경우, 주거지가 자주 바뀌는 경우, 동거인이 수시로 바뀌는 경우 등 환경의 영향으로 아이가 불안할 수 있습니다.

부모가 불안하거나 우울증이 있는 경우, 일관성 없이 양육하는 경우도 아이를 불안하게 합니다. "너 이러면 갖다 버린다" 같이 겁먹게 하는 말도 아이의 불안을 자극합니다. 아이를 과잉보호하는 양육 방식도, 반대로 지나치게 제한하지 않는 양육 방식도 아이의 불안에 악영향을 미치죠. 제한할 것은 확실하게 제한하고 그렇지 않은 것은 최대한 자율적으로 할 수 있도록 하는 양육 방식이 적절합니다.

✦ 부모의 흔한 실수

겁을 줍니다

짜증을 내거나 화를 내는 아이에게 똑같이 윽박지르거나 "이러면 엄마 아빠 가버린다" 같은 말로 협박하지 마세요. 아이는 부모가 마음에도 없는 말을 한다는 것을 아직 모릅니다. 부모의 이런 행동은 그렇지 않아도 불안한 아이를 더 불안하게 할 수 있습니다.

부모의 감정 변화가 급격합니다

부모의 기분에 따라 규칙이 바뀐다면 아이는 예측을 하지 못해 혼란스럽습니다. 불안은 미래에 대한 감정이에요. 부모가 일관성을 유지하는 것은 아이가 불안을 줄이고 조절하는 데 매우 중요한 역할을 합니다.

✦ 이렇게 하세요

원인을 찾아보세요

아이가 불안한 이유를 찾아 없애거나 수정해주는 것이 가장 근본적인 해결책입니다. 앞에서 보았듯이 아이가 불안한 이유는 다양합니다. 먼저 원인이 무엇일까 찾아보세요.

기질이 불안한 아이라면 꾸준히 노력합니다

불안한 기질을 타고난 아이라 해도 따듯하고 안정적인 환경을 꾸준히 제공해주면 태도가 바뀔 수 있어요. 하루아침에 달라지지는 않지만 불안 요소들을 함께 없애고 미래 예측을 함께 꾸준히 하다 보면 아이는 같은 상황에서도 훨씬 덜 불안해합니다.

예측 가능한 환경을 만들어줍니다

수면의식같이 일정한 의식을 만드는 것도 좋습니다. 환경이 바뀐다면 미리 설명해주고, 불안을 극복하도록 도와줍니다. 예를 들어, 부모가 아이를 두고 외출해야 하는 상황이라면 미리 반복해서 설명하고 다독여줍니다. 또래 친구가 놀러오기로 했다면 장난감을 함께 가지고 놀아야 한다는 것을 미리 이야기해줍니다. 장난감을 빼앗길까 불안한 아이는 친구와 장난감을 사이좋게 가지고 놀지 못하고 공격적인 행동을 보일 수 있기 때문입니다. 이렇게 불안한 상황을 경험하고 극복하는 것을 반복하면서 자기조절능력도 커집니다.

놀이로 불안을 통제합니다

놀이를 통해 예행연습을 하면 상황이 닥쳤을 때 불안을 다루기가 한결 수월해집니다. 병원이 두려워 안 가려고 하는 아이를 아이스크림을 먹으러 가자든지 키즈카페에 가자든지 속여서 몰래 끌고 가는 것은 병원에 대한 반감만 더 키우는 거예요. 아이와 병원놀이를 하며 병원에서 경험할 일들을 미리 반복해서 연습하세요. 주사를 맞아야 하는 이유에 대해서도 설명해주고요. 병원에 가서 주사를 맞고 와서도 병원놀이를 통해 어떤 점이 불안했는지, 어떤 점이 생각보다 괜찮았는지 이야기 나누면 병원에 대한 공포심을 줄여갈 수 있습니다.

모범을 보입니다

아이는 부모가 대처하는 것을 보고 따라 합니다. 집에 바퀴벌레가 나왔다고 부모가 소리를 지르며 벌벌 떤다면 아이도 바퀴

벌레에 대해 같은 감정을 배웁니다. 예방접종을 앞두고 부모가 더 겁먹은 표정을 보인다면 아이는 더욱 두려울 겁니다. 부모가 먼저 침착하게 대응하면 아이도 점차 부모의 방식을 따라서 하게 됩니다.

언어를 이용해서 불안을 다스리는 전략을 알려줍니다

언어와 인지능력이 자라면서 아이는 불안을 다스리는 힘이 커집니다. 이때 부모가 적극적으로 불안을 다스리는 전략을 이야기해주면 도움이 됩니다. 예를 들어, 무서워서 울음을 터뜨리려고 하는 아이에게 부드럽게 "무섭지? 울음주머니 속에 울음을 넣자"라고 말하는 것이죠. 언어를 통해 상상력을 동원해서 감정을 다스리는 연습인 셈입니다.

애정 어린 관계가 중요합니다

부모가 아무리 노력해도 부모와 애정 어린 관계, 즉 안정적인 애착이 형성되지 않은 관계에서는 소용 없을 때가 많아요. 아이가 불안해할 때뿐 아니라 평소에도 따뜻하고 애정 어린 관계를 유지하는 것이 아이의 자기조절능력을 키우는 데 큰 힘이 됩니다.

05

위험한 물건을 가지고 놀려 할 때

걷고 말을 하는 것은 아이에게는 새로운 세상이 열린 것입니다. 눕거나 앉아서만 보던 세상을 이제는 직접 가서 만져볼 수 있게 되었습니다. 아이는 폭발적인 호기심과 혼자 돌아다닐 수 있는 두 발, 자유로이 사용할 수 있는 두 손을 이용해 곳곳을 돌아다니며 탐험에 나섭니다. 잠깐 사이에 저지레를 합니다. 날카롭거나 깨지기 쉬운 물건들도 위험한지 모릅니다. 높은 곳도 기어 올라가려고 하고 물로도 뛰어듭니다.

자율성이냐 안전이냐

세상과 사랑에 빠진 아이는 눈만 뜨면 탐험에 나섭니다. 부모 눈에는 뻔해 보이는 것도 아이에게는 신나는 탐험의 대상이에요. 아이의 뇌는 자유로운 탐험을 통해 놀라운 속도로 발달합니다. 그러면서 아이는 "내가 할 거야" "해보니까 되네" 하는 자율성이 생기고 자율성은 자신감으로 연결됩니다. 한편 의사 입장에서 보면 호기심과 기동력이 왕성하지만 위험한 것은 잘 모르는 이때가, 인생에서 가장 많이 사고로 다치는 시기죠.

여기에 부모의 딜레마가 있습니다. 그냥 놔두자니 다칠 것 같고 못 하게 하자니 자율성을 해칠 것 같습니다. 아이가 다치지 않게 탐험을 하면서 자율성을 갖도록 하려면 부모의 균형감각이 중요합니다.

✦ 부모의 흔한 실수

"안 돼"라는 말을 너무 많이 합니다

불안한 부모, 감정조절을 잘 못 하는 부모는 하루 종일 "안 돼"라는 말을 입에 달고 살아요. 아이가 혼자 컵에 물을 부으려고 해도 흘릴까 봐 "안 돼" 하며 제지해요. "이게 뭐야, 왜 이렇게 어질렀어!" 하면서 아이를 혼내기도 해요. 그러나 아이가 늘어놓은 것은 플라스틱이나 스테인레스 제품들입니다. 딱히 위험할 것도 없습니다. 무조건 제지부터 하면 아이는 마음껏 탐색하지 못합니다. 아이의 자율성이 자라기 어렵습니다.

✦ 이렇게 하세요

진짜 위험한 상황인지 잠시 생각하세요

아이가 부엌의 그릇들을 다 꺼내 놀고 있습니다. 부엌이 난장판이 되었습니다. 아이를 제지하기 전에 먼저 침착하게 생각해 보세요. 위험한 것인지, 그냥 두면 아이가 다칠 수 있을지 말이죠. 깨지는 물건, 삼킬 만한 물건이 없다면 아이가 탐색하도록 그냥 두어도 좋아요.

위험한 것은 아이의 손이 닿지 않는 곳에 치워두세요

아이가 일단 위험한 것을 가지고 놀기 시작하면 빼앗거나 치우는 데 에너지가 많이 들어갑니다. 게다가 미처 제지하기도 전에 아이가 다칠 수도 있어요. 예방이 제일입니다. 깨지기 쉬운 것, 날카로운 것, 삼킬 만큼 조그만 것 등 아이가 다칠 염려가 있는 물건은 미리 다 치워두는 것이 좋습니다. 벽의 콘센트는 다

막아두시고 가구의 모서리는 부드럽게 감싸두세요. 계단은 간이문으로 막아두세요. 아이는 높은 곳에도 올라갑니다. 물건들을 쌓아두면 아이가 올라갔다가 물건들이 무너지며 다칠 수 있으니 역시 주의가 필요합니다. 아주 잠깐이라도 아이 혼자 물가나 물속에 두어서는 안 됩니다. 안전은 아무리 강조해도 지나치지 않죠.

위험한 물건을 가지고 놀 때

미처 치우지 못한 위험한 물건을 아이가 가지고 놀 때가 있습니다. 이럴 때는 무조건 물건을 빼앗기보다 아이의 관심을 다른 곳으로 돌려서 아이가 손에서 놓도록 하는 것이 좋아요. 예를 들어, 아이가 유리컵을 가지고 놀면 강아지 그림이 그려진 플라스틱 컵을 주면서 "여기 멍멍이가 있네." 하고 아이의 관심을 유도해 유리컵 대신 플라스틱 컵을 잡도록 하는 겁니다.

06

화가 나면 폭력성을 보일 때

아이들은 쉽게 울고 화를 냅니다. 하기 싫은 일을 해야 할 때도, 하고 싶은 일을 하지 못할 때도 화를 내죠. 화가 나는 감정 자체는 괜찮습니다. 다만 화를 표현하는 방법이 문제가 됩니다. 화가 났을 때 말로 표현하도록 배워야 합니다. 그러면서 자신의 감정을 다스리고 감정을 조리 있게 말로 전달하는 자기조절능력을 키우게 됩니다.

말로 표현하도록 가르치는 이유

행동으로 감정을 표현하는 것은 때로 위험할 수 있습니다. 화가 난다고 물건을 던지거나 사람을 때리는 행동은 누군가를 다치게 할 수도 있고 물건을 상하게 할 수도 있습니다. 아무리 화가 나도 행동으로 표현하지 않도록 가르치는 것은 안전을 위해 매우 중요합니다.

행동은 순간이에요. 참을성이 필요하지 않습니다. 그러나 말로 표현하려면 일단 참고 생각을 해야 하죠. 그래야 상대방에게 자신의 감정을 표현하고 원하는 것을 얻을 수 있습니다.

✦ 부모의 흔한 실수

부모 자신이 행동화하면 안 됩니다

아이에게는 절대 던지지 말라고 가르치면서 정작 부모가 화가 났을 때 물건을 던지면, 아이는 뭐가 옳은 건지 혼란스러워요. 화가 난다고 친구를 때리면 안 된다고 해놓고서는 부모가 아이를 때리면, 아이는 언제는 때리면 되고 언제는 때리면 안 되는지 판단할 수 없어요(그리고 누군가를 때려도 되는 때란 없습니다). 아이는 무의식 중에 부모의 행동을 따라서 합니다.

한 번 크게 야단쳐서 버릇을 고치려 하지 마세요

오늘은 단단히 혼을 내서 버릇을 고쳐야겠다는 부모가 있습니다. 아무리 심하게 혼을 내도 다음에 같은 실수를 저지르는 것이 아이예요. 아이는 실수하고 바로잡고 또 실수하고 또 바로잡으며 점차 배워나가는 존재입니다. 지나치게 혼을 내면 오히려 아이에게 트라우마로 남아 정서적인 상처가 될 수 있어요.

✦ 이렇게 하세요

말로 감정을 표현하세요

부모가 백 번 말로 하는 것보다 한 번 행동으로 보이는 것이 아이에게 훨씬 강한 영향을 미칩니다. 아이가 방 안에서 공놀이를 하지 않겠다는 약속을 깜빡하고 공을 가지고 놀다가 꽃병을 깼습니다. 아이는 자기가 잘못한 걸 이미 알고 있습니다. 잔뜩 주눅들어 있는 아이에게 큰 소리로 화를 내봤자 꽃병이 다시 붙을 리 없어요. 차라리 화를 건전하게 표현하는 방법을 보여주는 기회로 삼는 게 좋습니다.

"방 안에서는 공을 가지고 놀지 않기로 했잖아. 그런데 공놀이를 해서 꽃병이 깨졌어. 엄마 아빠 마음이 어떨 것 같아? 지금 화가 났어."

이때는 목소리를 낮추고 웃음기 없는 표정으로 이야기하세요. 아이는 화가 났을 때 어떻게 표현해야 하는지 실수를 통해 배우게 됩니다.

구체적인 말을 알려주세요

아이에게 말로 하라고 해도 아이는 무슨 말을 어떻게 해야 할지 모릅니다. 먼저 아이의 감정을 부모가 말로 표현해주세요. "지환이가 자꾸 놀려서 현수가 화가 났구나?" 그리고 아이의 언어 수준에 맞추어 화를 표현하는 말을 구체적으로 알려주세요. "화나면 '나 화났어!' 이렇게 말로 하는 거야" 하는 식으로요.

아이가 나쁜 감정을 말로 표현하면 당황하는 부모들이 있습니다. 아무데서나 기분 나쁘다고 말하는 버릇없는 아이로 크면 어쩌나 미리 걱정하기도 합니다. 그러나 화를 행동으로 표현하는 것이 더 문제입니다. 표현 방식은 아이가 크면서 다듬어집니다. 아이가 크면서 말을 가려서 하는 방법도 익히게 됩니다. 그러니 처음에는 행동 말고 말로 표현하는 방법을 먼저 알려주세요.

다른 방법으로 화를 표현하도록 알려주세요

물건을 던지거나 발로 차는 등 꼭 행동으로 표현해야 성질이 누그러지는 아이도 있습니다. 이 행동을 못 하게 하면 머리를 바닥에 박는 등 또 다른 위험한 행동을 하기도 합니다. 꼭 행동을 통해 화를 표현해야 하는 아이라면 위험하지 않은 행동으로 화를 표현하도록 해주세요. 예를 들어, 부드러운 봉제 인형을 소파 같이 안전한 곳에 가지고 가서 던지도록 규칙을 정하는 거예요. 손에 잡히는 대로 아무거나 던지는 것과는 큰 차이가 있습니다. 이렇게 하면 아무리 화가 나도 일단 정해진 물건을 찾아 지정된 장소로 가는 사고력을 유지해야 하므로 점차 참을성을 포함한 자기조절능력을 키울 수 있습니다.

반복해서 알려주세요

다이어트에 실패하는 어른들, 금연 금주에 실패하는 어른들, 작심삼일을 반복하는 어른들을 생각해보세요. 어른도 금방 습관을 바꾸기 어렵잖아요. 아이는 더합니다. 참을성은 하루아침에 길러지지 않습니다. 말로 표현하는 능력도 단번에 생기지 않습니다. 충분히 알려주었는데도 아이가 같은 행동을 반복한다 해서 실망하거나 좌절할 필요는 없어요. 반복해서 가르치다 보면 아이의 자기조절능력도 자라게 되고 행동도 서서히 변하게 됩니다.

07

대소변 실수를 할 때

신생아 때는 배가 고파도 울고 춥거나 더워도 웁니다. 몸에서 오는 여러 가지 신호를 구별하려면 오랜 기간 부모의 보살핌이 필요합니다. 기저귀가 젖어서 울 때 기저귀를 갈아주면 아이는 젖은 기저귀의 불쾌함과 뽀송뽀송 마른 기저귀의 상쾌함을 구별하게 됩니다. 아이의 신경계가 성숙해지면 대소변이 마려울 때의 느낌, 눌 때의 느낌을 구별하게 되죠. 정해진 장소, 즉 화장실까지 가는 동안 괄약근을 조절할 수 있게 되고요. 점차 화장실에서 대소변을 보는 능력이 자라게 되는 겁니다.

그런데 유치원에서도, 초등학교에서도 대소변 실수를 하는 아이들이 종종 있습니다. 아이가 대소변을 가릴 만큼 배변훈련을 충분히 했다고 생각하던 부모는 당황하곤 합니다.

대소변 실수를 자기조절능력을 키우는 기회로 삼아야 하는 이유

화장실에서 대소변을 볼 줄 아는 아이라 하더라도 대소변을 가리는 능력이 어른만큼 완전히 성숙한 것은 아니에요. 어른은 대소변을 보고 싶다는 느낌이 들 때 가까이에 화장실이 없다면 어느 정도 시간은 참을 수 있어요. 하지만 많은 아이가 어른만큼 참는 것을 힘들어합니다.

부모는 배변훈련을 다 마쳤다고 믿고 있더라도 실제로 아이에 따라 배변훈련이 계속 이어지고 있을 수 있습니다. 배변훈련은 결국 아이가 자기 몸의 통제력을 키워가는 과정이라고 할 수 있죠. 좋은 부모는 남들의 속도를 따르는 게 아니라 아이가 충분히 준비되었는지 잘 살펴서 아이 스스로 자기조절능력을 키워가도록 해줍니다.

✦ 부모의 흔한 실수

서두르지 마세요

몸에 대한 자기조절력은 아이가 의지를 가진다고 해서 당장 키워지는 것이 아닙니다. 나이가 들면서 자연스럽게 해결되는 것이기도 하고요. 그러니 아이의 대소변 실수를 끊어버리겠다고 무리를 할 필요는 없습니다. 몸이 충분히 준비되지 않은 아이에게 억지로 배변훈련을 시키면 아이는 좌절감을 느끼고 자기조절능력을 키울 동력을 잃게 됩니다.

야단치지 마세요

아이도 대소변 실수를 하는 것이 싫습니다. 어른처럼 완벽하게 대소변을 잘 가리고 싶습니다. 친구들에게 놀림을 받을까 겁이 나기도 합니다. 하지만 아직 몸이 준비가 되지 않아 때로 실수할 가능성이 높습니다. 실수를 했다고 비난해서는 안 됩니다. 아이는 더욱 좌절하고 자신감이 사라집니다. 아이의 대소변을 보고 혐오스럽게 반응하지 마세요. 부모가 "아휴~ 냄새"라는 식의 혐오스러워하는 모습을 보면 아이는 부모가 자신을 거부하는 것으로 느낄 수 있습니다.

✦ 이렇게 하세요

아이가 참으려고 노력할 때 반응해주세요

아이는 대소변을 참는 것이 힘듭니다. 얼굴이 빨갛게 되거나 표정이 바뀌기도 합니다. 놀다 말고 주춤거리든지 구석진 곳을 찾아가든지 등의 행동을 보이기도 합니다. 아이가 보채지 않고 참으려 노력하는 것을 칭찬하는 반응을 보여주세요.

배변훈련은 아이와 함께하세요

배변훈련 과정에서 부모가 일방적으로 진도를 나가면 아이는 반항심이 생깁니다. 모든 배변훈련 과정에 아이가 참여할 수 있도록 해주세요. "화장실이 좀 떨어져 있으니까 참아볼까?" 하고 물어보고 아이의 의사를 존중해줍니다.

뒤처리까지 잘할 수 있도록 도와주세요

대소변 가리기의 마무리는 뒤처리입니다. 제대로 닦지 않고 돌아다니면 오물을 여기저기 흘리고 냄새가 날 수 있습니다. 아이가 뒤처리를 하도록 지도해주시고 손까지 잘 닦도록 알려주세요.

부모의 자기조절능력 키우기

아이를 키운다는 것은 분명 최대의 축복입니다. 아이는 기쁨과 행복의 원천입니다. 그러나 아이를 키우는 것만큼 복잡하고 어려운 일도 없죠. 양육을 잘하기 위해서는 부모 자신의 자기조절 능력도 매우 중요합니다.

부모가 자기조절능력을 키워야 하는 이유

아이가 보고 배웁니다

아이에게는 물건을 던지지 말라고 하면서 정작 부모는 화가 날 때 물건을 던진다면, 그 아이가 무엇을 배울까요? 아이는 부모의 말이 아니라 행동을 따라 합니다. 아이는 부모의 거울입니다. 대체 아이가 왜 저런 행동을 할까 궁금하다면 먼저 부모 자신의 행동을 돌아보세요. 부지불식간에 부모가 했던 행동을 아이가 그대로 따라서 하는 경우가 많아요. 아이의 자기조절능력을 키워주고 싶다면 부모가 먼저 자기조절능력을 키워야 합니다.

일관성 있는 양육을 합니다

부모는 할 일이 너무 많습니다. 아이를 먹이고 입히고 재우고 교육해야 하죠. 그러면서 살림이나 직장생활을 해야 하고 자기 자신과 다른 가족도 챙겨야 하고요. 이렇게 많은 일을 잘 해내려면 자기조절능력이 있어야 합니다. 무엇을 왜 어떻게 할 것인지 알아야 하고, 할 일이 많을 때는 우선 순위도 정하고, 때로는 단호하게 때로는 유연하게 대처해야 합니다. 자신의 감정을 돌보고, 실패가 있어도 좌절하지 않고 스스로를 다독이며 용기를 잃지 않아야 합니다.

이 모든 일을 해내는 부모에게는 자기효능감이 있습니다. 자기효능감을 가진 부모는 일관성 있게 양육을 할 수 있습니다. 자기효능감이 없는 부모는 흔들리기 쉬워요. 아이의 같은 행동에 대해 어제는 허용했다가 이게 아닌가 싶으면 오늘은 또 안 된다고 합니다. 이렇게 하면 아이는 자기조절능력을 키우기 어렵습니다. 자신 있게 아이를 키우는 부모, 자기효능감 있는 부모가 아이의 자기조절능력을 키울 수 있습니다.

문제해결력을 키웁니다

양육은 매일 생기는 새로운 문제와의 싸움입니다. 문제를 해결하는 과정에서 시행착오가 많습니다. 잘못한 것에서 배우지 못하면 같은 잘못을 다시 할 수밖에 없어요. 잘못한 것이 문제가 아니라 잘못한 것에서 배우지 못하는 것이 문제입니다. 감정을 절제해서 문제를 해결하고 실패를 통해 배워나가는 능력 역시 자기조절능력이 필요해요. 좋은 부모가 되기 위해서는 자기조절능력을 키워서 문제를 해결하는 능력을 개발해야 합니다.

부모의 자기조절능력을 키우는 방법

목표를 설정합니다

하나의 사건이 벌어져도 그 사건을 내가 어떻게 보고 어떻게 행동할지 선택의 여지가 많아요. 먼저 목표를 정해야 그에 맞는 행동을 할 수가 있습니다. 예를 들어, 저녁을 먹고 잠시 식탁을 치우는 사이에 아이가 부모가 아끼는 옷 위에 주스를 쏟았습니다. 부모의 표정을 보고 아이는 자신이 뭔가 잘못한 것을 알았습니다. 아이가 당황한 얼굴로 부모를 쳐다봅니다. 이때 부모가 할 수 있는 행동은 여러 가지입니다.

얼룩이 생기지 않도록 얼른 옷을 애벌빨래를 한다.

아이에게 "옷에 주스 쏟으면 안 돼" 하고 혼낸다.

놀란 아이를 달랜다

화를 내며 아이에게 "야, 이게 뭐야!" 하며 소리를 지른다

이 외에도 여러 가지 행동이 있을 수 있겠죠. 옷이 중요하면 애벌빨래를 할 것이고, 아이의 심리적 안정이 중요하다면 놀란 아이를 달랠 거예요. 화가 너무 많이 난다면 아이에게 소리를 지를 것이고, 아이를 가르쳐야 한다면 혼낼 겁니다. 어떤 행동을 할지는 그 순간 각자의 선택이고 대부분 정답이 있는 것은 아니에요. 그러나 감정조절을 못해 목표 없이 행동했다면 그것은 문제입니다. 부모가 자기조절능력을 키우기 위해서는 늘 자신의 행동 목표를 설정하는 습관을 가져야 합니다.

자신의 행동을 모니터합니다

목표를 설정했으면 그에 맞는 행동을 하고 있는지 자신을 돌아보고 점검해야 합니다. 예를 들어, 옷에 얼룩이 지지 않도록 하는 것이 목표인데 아이에게 화를 내며 소리를 지르고 있을 수 있어요. 우는 아이를 더 야단을 치고 있다면 목표에 맞는 행동을 하는 것이 아닙니다. 두 가지 이상의 목표를 잡았다면 그에 맞는 행동을 순차적으로, 혹은 동시에 하고 있는지 확인해야 합니다. 옷에 얼룩이 지지 않도록 애벌빨래를 하면서 부드러운 목소리

로 아이를 달랠 수도 있습니다.

목표를 잘 설정했다 해도 목표와 상관없는 행동을 하고 있다면 원하는 결과를 얻지 못하는 것은 당연합니다. 목표에 맞는 행동을 하고 있는지 스스로 돌아보는 훈련이 필요합니다.

실행하기

목표를 설정해도 아무것도 하지 않는다면 목표를 이룰 수 없어요. 목표와 상관없는 행동을 하는 것도 문제지만 아무것도 안 하는 것도 문제입니다. 아이가 다양한 음식을 접하도록 하는 것이 목표라면 실제로 다양한 음식을 가지고 이유식을 준비해야겠죠. 목표를 정했다면 그 목표를 이루기 위해 무엇을 할지 정해 실행해야 합니다.

평가

목표에 맞게 행동해서 원하는 바를 이루었는지 평가합니다. 목표와 상관없는 엉뚱한 행동을 했는지, 목표만 정해놓고 아무것도 하지 않았는지, 계획한 대로 실행했는데 목표를 이루지 못했는지 등을 평가합니다.

목표 달성에 실패했다면 이유를 찾아봅니다. 다양한 음식으로 이유식을 준비하려고 했는데 아무것도 하지 않았다면 실패한 이유를 찾아보는 식입니다. 평가 결과에 따라 같은 목표를 유지할 수도 있고 목표 자체를 수정할 수도 있어요. 새로운 목표, 새로운 실행 계획으로 다시 도전합니다. 다양한 음식이라는 것이 너무 막연한 방법이었다면 "이번 주는 당근을 갈아서 섞여 먹여야겠다" 같은 식으로 목표를 조정하는 것이죠.

자신에게 상 주기

목표대로 성과를 얻었다면 자신에게 상을 줄 수도 있습니다. 그러나 꼭 성공에 대해서만 상을 줄 필요는 없습니다. 목표를 설정하고 모니터하고 실행하고 평가하고 새로운 계획을 잡는 노력 자체가 상 받을 만한 일이에요. 이 과정을 통해 분명히 부모로서 자기조절능력이 상승하고 있을 테니까요. 못한 것만 되뇌이며 분노하고 좌절하지 마세요. 스스로의 노력 자체에도 보상을 해주세요. 좋은 부모란 완벽한 부모가 아니라 노력하는 부모랍니다.

제
5
장

자기조절능력 2단계:

해야 할 것과 하지 말아야 할 것

아이는 서서히 '나'라는 사람에 대한 자의식이 생깁니다. 성별, 나이, 특징으로 자신을 다른 사람과 구분하게 되죠. '나는 여섯 살이에요', '나는 여자예요', '나는 컵케이크를 좋아해요', '나는 주사도 잘 맞아요' 이런 식으로 자신을 표현할 수 있습니다. 자신에 대해 긍정적인 자의식을 갖는 아이가 자존감도 높습니다.

언어가 발달하면서 아이는 말로 자기조절을 하는 능력이 좋아집니다. "나는 잘 참는 아이예요" 이렇게 말로 스스로를 다독이며 주사에 대한 공포감을 줄여가는 것처럼 말이죠.

어린이집이나 유치원 같은 단체생활을 시작하면서 사회성도 키웁니다. 장난감이나 먹을 것을 친구와 함께 나누며 배려와 양보심, 참을성도 키우고요. 상상력이 풍부해지면서 역할놀이 등을 통해 다른 사람의 입장이나 감정에 대한 이해가 넓어집니다. 규칙을 따르면서 자제심을 키우고, 다 놀고 난 후에 정리정돈을 하면서 정리하고 조직화하는 능력을 키웁니다.

이 시기에 시간 개념이 부쩍 자랍니다. 유치원에 너무 일찍 가게 되면 문이 안 열려 있거나 친구들이 없어 심심하다는 것도 알게 되고, 늦게 가면 친구들이 한창 놀고 있어 재미있는 일을 놓칠 수도 있다는 것을 알게 됩니다. 시간을 관리하는 능력은 학업과 사회에 적응하는 데 중요한 역할을 합니다.

긍정적인 자의식, 언어를 활용한 감정 조절, 규칙을 따르는 자제심, 정리와 조직화, 시간 개념이 발달하면서 아이의 자기조절능력도 더욱 성숙해집니다.

08

자신에 대해 부정적인 말을 할 때

아이는 자라며 점차 나와 타인을 적극적으로 구별하기 시작합니다. 그러면서 '나' 스스로에 대한 이미지를 형성합니다. 아이를 울보, 찡찡이, 겁쟁이, 떼쟁이, 문제아, 사고뭉치 같은 부정적인 말로 부르곤 하면 아이는 그에 맞춰 부정적인 자의식을 갖게 됩니다.

스스로 울보라고 생각하는 아이보다 스스로 잘 참는다고 생각하는 아이가 더 적극적으로 감정조절을 합니다. 자기가 꼴통이라고 생각하는 아이보다 자기가 씩씩하다고 생각하는 아이가 올바른 행동을 더 많이 합니다.

자의식은 자존감과 가까워요. 긍정적인 자의식이 높은 자존감을 만들고 자존감이 높은 아이들이 자기조절을 하려는 동기가 높습니다. 아이가 자신에 대해 긍정적으로 말하도록 도와주세요.

자신을 긍정적으로 지칭해야 하는 이유

피그말리온 효과라는 것이 있습니다. 주변에서 잘한다 잘한다 하면 정말 더 잘하게 된다는 것입니다. 아이를 긍정적으로 불러주면 아이는 더 잘하려고 해요. 반대로 자꾸 부정적으로 부르면 아이는 부정적인 자의식, 낮은 자존감을 갖게 돼서 더 잘하려는 동기를 잃게 됩니다.

이 시기 아이는 자의식이 특히 발달하는데 부모의 행동이나 말에 크게 영향을 받습니다. 부모가 어떻게 부르느냐에 따라 다른 자의식을 갖게 되죠.

✦ 부모의 흔한 실수

아이를 부정적인 별명으로 부르지 마세요

아이가 잘 울고 떼를 쓰고 실수를 한다고 해서 울보, 떼쟁이 같이 부정적인 별명을 붙이지 말아주세요. 사랑스럽고 귀엽다는 의미라 해도 못난이라고 부르지 마세요.

야단칠 때 아이를 비난하지 마세요

아이를 야단칠 때 "넌 왜 맨날 그러니?" "넌 잘하는 게 하나도 없니?" 하면서 싸잡아 혼내는 부모들이 있습니다. 그런 이야기를 들으며 크는 아이는 자기 자신이 언제나 엉망이라는, 아무것도 잘하는 게 없다는 자의식을 갖게 돼요. 부모가 이런 식으로 말하면 어째서 혼이 나는지 요점도 흐려지기 때문에 아이는 무엇을 고쳐야 할지 몰라 다음에도 같은 행동을 반복할 가능성이 큽니다.

✦ 이렇게 하세요

아이의 긍정적인 점을 별명으로 불러보세요

장점만 있는 아이는 세상에 없습니다. 반대로 단점만 있는 아이도 없죠. 모든 아이는 장점과 단점을 가지고 있습니다. 장점을 꼭 집어 아이에게 전할 수 있는 별명을 만들어 불러보세요. 새벽같이 일어나 장난감을 가지고 노는 아이를 '부지런쟁이', 계속해서 재잘재잘 이야기하는 아이를 '이야기주머니'처럼 긍정적인 모습으로 불러주세요. 반복해서 듣다 보면 아이 스스로 긍정적인 자의식을 형성하게 됩니다.

야단칠 때는 잘못된 행동만 야단치세요

아이를 비난하는 것과 아이의 행동을 비난하는 것은 큰 차이가 있어요. 아이가 놀다가 모자를 놀이터에 두고 왔습니다. "너는 왜 이렇게 정신이 없니?" 이것은 아이를 비난하는 말입니다. "모자를 잘 챙겼어야지" 이것은 아이가 이번에 저지른 잘못된 행동만을 비난하는 것입니다. 아이를 비난하면 아이는 자신이 못났다고 느낍니다. 부정적인 자의식이 생깁니다. 그러니 야단칠 때는 잘못된 행동 그 자체만 야단치세요.

09

남에게 민망한 말을 거침없이 할 때

아이를 데리고 마트에 갔습니다. 주호가 갑자기 계산대 직원을 보고 "와, 아줌마 완전 뚱뚱보다"라고 큰소리로 말했습니다. 직원은 잠시 당황한 표정을 지었지만 웃으며 "그래, 너희 엄마는 날씬해서 좋겠다"라며 어색한 순간을 넘겼습니다. 그랬더니 이번에는 주호가 "우리 엄마 아빠도 왕뱃살이에요"라고 큰 소리로 말해 주변 사람이 웃음을 터뜨렸습니다. 부모는 민망해서 얼굴을 붉히며 서둘러 마트를 떠났습니다. 주호를 뭐라고 혼을 내야 할지 엄마의 머릿속이 복잡합니다.

주호가 민망한 말을 거침없이 하는 이유는 크게 두 가지입니다. 하나는, 아직 다른 사람의 마음이 나와 다를 수 있다는 것을 충분히 알지 못하기 때문이에요. 내가 하는 말로 인해 다른 사람이 창피하거나 화가 날 수도 있다는 것을 인지하지 못하는 것입니다. 다른 하나는, 하면 안 되는 말인 것을 알고는 있지만 참지 못하고 입에서 튀어나오는 경우예요. 즉 절제가 안 되기 때문입니다.

할 말, 안 할 말을 가리려면 다른 사람의 마음을 이해하고 배려하는 공감력이 있어야 합니다. 말을 참는 절제력, 참을성도 있어야 하고요. 아이에게 다른 사람을 배려해서 말하는 법을 알려주면 자기조절능력이 함께 자랍니다.

말 가리는 방법을 알려줘야 하는 이유

말을 함부로 하더라도 유아라면 아직 어리니까 그러려니 하고 봐주곤 합니다. 하지만 열 살짜리가 말을 함부로 한다면 어떨까요? "선생님 뚱뚱해요" "너는 왜 그렇게 못생겼어?"라고 말하는 아이는 주위에서 환영받지 못합니다. 다른 사람과 잘 지내려면 듣는 사람의 기분을 상하지 않게 말을 가려서 할 줄 알아야 합니다. 말 가리는 방법을 알아야 사람들과 잘 지내는 사회성을 갖출 수 있죠.

아직 판단력이 없어 할 말과 안 할 말을 구별할 줄 모르는 아이라도, 부모가 관심을 가지고 꾸준히 지도해야 합니다. 상대의 기분을 이야기해주고, 입장 바꿔서 생각할 수 있도록 말해줍니다. 계속 알려주면 아이도 서서히 말을 가려서 할 줄 알게 됩니다.

✦ 부모의 흔한 실수

솔직한 게 좋은 거야 하고 넘기지 마세요

'아이가 하는 말이니까', 혹은 '솔직한 게 좋은 거니까'라며 그냥 넘어가는 부모가 있습니다. 솔직한 것은 좋은 특성입니다. 그러나 상대방의 기분에 상관없이 하고 싶은 말을 마구 다 하는 것은 문제예요. 솔직함이 지나치면 무례함이 됩니다. 아이가 하고 싶은 말을 다 하도록 허용하는 것은 아이를 위한 일이 아닙니다. 아이니까 무례한 말을 할 수도 있지만, 그걸 기회 삼아 말을 조절하는 방법, 상대방의 마음을 헤아려야 한다는 사실을 가르쳐주어야 합니다.

무섭게 혼을 내지 마세요

아이는 아직 몰라서 아무 말이나 한 것입니다. 몰라서 한 말인데 지나치게 혼을 내면 아이는 불안해서 말하는 것 자체를 주저하게 돼요. 소극적인 성격이 될 수도 있습니다.

잘못했다는 지적만으로는 소용이 없습니다

"거기서 그런 말을 하면 어떻게 해?" 이런 식으로 아이가 잘못했다고 말하는 것은 절반의 가르침입니다. 아이는 자신이 뭔가 잘못했다는 것을 인식할 수는 있지만 정확히 무엇이 잘못된 것인지, 그래서 어떻게 해야 하는지는 모릅니다. 결국 다음에도 비슷한 잘못을 하게 됩니다.

✦ 이렇게 하세요

말의 힘을 설명해주세요

말에는 힘이 있습니다. 다른 사람을 기쁘게 하는 힘도 있고 화가 나게 하는 힘도 있습니다. 그러나 아이는 아직 말의 힘을 몰라요. 아이에게 말의 힘을 알려주세요. "지난번에 놀이터에서 친구가 겁쟁이라고 했을 때 기분이 어땠어?" "아줌마도 뚱뚱보라는 소리를 들으면 속이 상할 수 있어" 이런 식으로요. 아이는 점차 자신이 하는 말로 다른 사람의 기분이나 생각이 바뀔 수 있다는 것을 이해하게 됩니다.

말이 아이의 얼굴이라고 말해주세요

"말을 예쁘게 하면 사람들이 네가 예쁜 아이라고 생각해. 반대로 말을 나쁘게 하면 사람들이 네가 버릇없고 나쁜 아이인 줄 알고. 너는 예쁜 아이니까 말도 예쁘게 하자" 이런 식으로 말은 곧 사람들이 생각하는 자신의 얼굴이라는 것을 아이가 알도록 해주세요.

여러 번 반복해서 알려주세요

한 번 가르쳤다고 아이가 바로 말을 가려서 할 수는 없습니다. 다른 사람의 마음을 이해하는 공감력, 상황을 파악하는 판단력, 그리고 말을 참는 절제력이 필요한데 이런 능력들은 하루아침에 생기지 않거든요. 꾸준히 가르치고 훈련해야 이런 능력들을 포함한 자기조절능력이 자라납니다. 그러니 참을성을 가지고 가르쳐주세요.

10

사실과 다른 엉뚱한 말을 할 때

월요일 저녁 유치원에서 아이를 데려오는데 배웅해주던 선생님이 말합니다. "어제 놀이공원에 다녀오셨다면서요? 재미있으셨겠어요." 주말에는 둘째가 아픈 바람에 온 가족이 아무데도 못 가고 꼼짝없이 집에 있어야 했습니다. 그런데 아이는 어린이집에 가서 놀이공원에 갔다고 자랑을 한 겁니다.

아이들은 이렇게 있지도 않은 일을 사실처럼 말할 때가 있습니다. 상상력이 풍부한 데다, 때로는 상상과 실제를 잘 구분하지 못하기 때문이에요. 상대방을 속이기 위해 거짓말을 하는 것과는 다르죠. 사실과 다른 엉뚱한 말을 하는 아이, 어떻게 하면 상상력과 자기조절능력을 함께 키울 수 있을까요?

상상력을 키워줘야 하는 이유

상상력이 풍부한 아이는 문제가 생겼을 때 해결 방법을 더 많이 생각해낼 수 있습니다. 자기조절능력은 단순히 참는 것만 포함되는 것이 아닙니다. 주도적으로 문제를 해결할 수 있는 능력도 포함되죠. 상상력이 풍부한 아이는 자기조절능력도 좋습니다.

✦ 부모의 흔한 실수

거짓말을 한다고 꾸중을 하지 마세요

부모는 가지도 않은 놀이 공원에 다녀왔다고 하고, 먹지도 않은 돈까스를 먹었다고 말하는 아이가 거짓말을 한다고 생각합니다. "네가 언제 놀이공원에 갔었어? 그런 거짓말을 하면 안 돼!" 하면서 꾸중을 합니다. 아이의 풍부한 상상력이 부모의 몰이해로 인해 볼품없는 현실로 변하는 순간입니다.

혼동하지 말라며 현실을 알려주지 마세요

지금은 어려서 엉뚱한 말을 해도 괜찮지만 앞으로 계속 그러면 거짓말쟁이가 될 거라는 걱정에 부모는 현실을 알려줘야 한다고 생각합니다. 그래서 "놀이공원 간 적 없잖아. 간 적도 없는 곳을 갔다고 말하면 안 돼!" 하고 못을 박습니다. 아이는 활짝 펴려던 상상의 나래를 움츠릴 수밖에 없죠.

상상력의 크기는 아이가 알고 있는 것에 비례합니다. 지금은 놀이공원에 가고 돈까스를 먹는 수준의 상상을 하고 말로 표현했지만, 나중에 지식이 쌓이면 아이의 상상이 새로운 과학적 발견으로 이어질 수도 있습니다. 상상력을 차단하지 마세요.

✦ 이렇게 하세요

크면 달라지니 미리 걱정하지 마세요

대여섯 살 정도의 아이가 상상과 현실을 혼동해서 엉뚱한 이야기를 하는 것은 흔한 일이에요. 시간이 지나면 자연스레 상상과 현실을 구분하게 됩니다. 상상력이 풍부한 아이일수록 오히려 커서는 상상과 현실을 잘 구분한다는 연구 결과도 있어요. 그러니 아이가 커서도 이렇게 엉뚱한 이야기를 할까 봐 미리 걱정하지 않아도 됩니다.

아이가 더욱 상상력을 발휘할 수 있도록 해주세요

아이가 엉뚱한 말을 한다 해도 열심히 경청해주세요. "놀이공원을 갔구나" "돈까스를 먹었구나" 하고요. 반박하지 말고 그냥 들어주면 됩니다. 아이는 부모가 들어주는 것만으로도 더 신나서 상상 속 이야기를 펴낼 거예요.

아이의 말을 열심히 경청하고 나서 아이가 더욱 상상력을 발휘할 수 있도록 동참해주세요. "놀이공원에 가서 뭘 했어?" 이렇게 물으면 아이는 또 새로운 이야기를 만들어내며 상상력을 키울 수 있습니다.

의도적으로 거짓말한다면 정확한 사실을 전달하게 이끄세요

아이는 아직 말의 힘을 모를 수 있습니다. 이 경우 상대방은 나와 생각이 다르다는 걸 잘 모르고, 내가 거짓말로 인해 상대방의 생각과 행동이 완전히 달라질 수 있다는 사실을 잘 이해하지 못합니다. 그러니 의도를 가지고 거짓말을 한다면 아이에게, 정확하게 사실을 전달해야 하는 이유를 설명해주세요. 예를 들어 "그런 거짓말을 하면 친구가 속상해"라고 말이죠.(그 외에는 279쪽 '뻔한 거짓말을 할 때' 참고)

11

하루 종일 간식만 먹으려 할 때

인스턴트 음식을 간식으로 먹으려고 떼를 쓰는 아이와 몸에 해로운 것을 먹이고 싶지 않은 부모 사이에 실랑이가 벌어지곤 합니다. 어릴 때 좋지 않은 식습관을 들이면 나중에 비만이나 각종 성인병에 시달릴 수 있습니다. 과식이나 편식, 고열량 저영양의 음식을 폭식하는 것은 먹는 것에 대한 자기조절능력이 떨어지는 것입니다. 음식에 휘둘리는 것이죠.

좋은 식습관을 키워줘야 하는 이유

조유나와 최윤이는 대한민국 한 도시의 어린이집과 유치원에 다니는 유아의 부모 216명을 대상으로 유아의 식습관과 자기조절능력의 관계, 그리고 자기조절능력에 미치는 식습관의 영향력을 알아보는 연구를 했습니다. 연구 결과, 유아의 식습관은 자기조절능력과 밀접한 상관이 있었고 그 영향력도 컸습니다. 매일 세끼 규칙적으로 식사하기, 음식 골고루 먹기, 꼭꼭 씹어 먹기, 천천히 먹기, 과일과 야채 자주 먹기 등 균형 있는 식습관을 만들어주는 것은 자기조절능력을 키우는 데 도움이 됩니다.

✦ 부모의 흔한 실수

몸에 좋지 않은 간식을 집에 쌓아두지 마세요

부모는 고열량 저영양 음식이 아이 건강에 좋지 않다는 것을 잘 알고 있어요. 그럼에도 아이가 좋아한다는 이유로 집에 사다 놓습니다. 눈에 보이면 먹고 싶어지죠. 아이는 이런 음식이 집에 있다는 것을 알고 있으니 자꾸 먹게 되고 결국 습관이 되는 악순환이 일어납니다.

불규칙적인 식사를 하지 마세요

어른들이 살을 뺄 때 흔히 선택하는 방법은 굶는 것입니다. 그러나 굶은 후에는 오히려 폭식을 하기 쉬워요. 이것이 반복되면 적절한 양의 한 끼 식사에 대한 몸의 반응, 즉 적당한 포만감이라는 몸의 감각을 잃게 됩니다. 많은 식이장애 환자들이 건강한 포만감을 잃어서 과식과 폭식 그리고 굶기를 반복합니다.

아이 역시 마찬가지예요. 불규칙적으로 식사를 하면 배가 고팠던 아이는 과식을 하게 됩니다. 반대로 식사나 간식을 먹은 지 얼마 지나지 않아 또 식사를 하게 되면 먹지 않으려 합니다. 식사 시간에 실랑이가 벌어질 수밖에 없고, 아이는 자발적으로 적당히 먹는 습관을 들이기 어렵습니다.

해로운 식습관을 보여주지 마세요

부모가 몸에 해로운 고열량 저영양 음식을 잔뜩 먹으면서 아이에게는 먹지 말라고 하기 어렵습니다. 게다가 아이는 어른의 행동을 보고 배웁니다. 부모가 먹는 것을 그대로 따라서 먹는 경우가 많습니다. 부모의 해로운 식습관은 아이의 식습관으로 대물림됩니다.

몸에 좋지 않은 것을 상으로 주지 마세요

상을 받는다는 것은 기분 좋은 일이죠. 하지만 그것이 초콜릿이나 치킨처럼 달고 기름진 것이라면 어떨까요? 아이에게 상으로 달고 기름진 것을 주면 아이는 이런 음식이 좋은 음식인 것으로 학습하게 됩니다.

✦ 이렇게 하세요

함께 식사하세요

부모가 건강한 식습관을 가진다면 아이는 따라서 하게 됩니다. 함께 식사하면서 아이가 선호하지 않지만 몸에 좋은 음식을 맛있게 먹는 모습을 보여주세요. 처음에는 입에 대지 않던 아이도 호기심에 한입 먹어보고, 다음에는 그 음식을 같이 먹을 가능성이 높아집니다.

스스로 먹게 하세요

아이가 잘 먹지 않는다고 따라 다니며 아이 입에 음식을 넣어주는 경우가 있습니다. 이것은 오히려 아이가 음식에 대한 자기조절능력을 키우는 데 방해가 됩니다. 아이가 무엇을 얼마나 먹을지 스스로 결정하도록 해주세요.

규칙적인 식사를 하세요

자발적으로 적당한 양을 먹는 것이 좋은 식습관입니다. 아이가 한 끼 식사에 대한 건강한 포만감을 익히도록 하려면 규칙적인 식사가 중요해요. 아이는 정해진 시간에 적당히 먹는 것을 배우면서 음식에 대한 자기조절능력을 키울 수 있습니다.

몸에 좋지 않은 음식은 아예 사다두지 마세요

아이가 일단 몸에 좋지 않은 음식을 좋아하게 되면 제재하기가 쉽지 않아요. 몸에 좋지 않은 음식이라면 아예 노출 자체를 제한하는 것도 효과적인 방법입니다. 집에 고열량 저영양 음식을 두지 않는 편이 낫습니다. 몸에 좋은 음식인지 그렇지 않은 음식인지는 식품 포장의 뒷면을 보면 알 수 있어요. 영양소 칸의 신호등 표시를 보면 지방이나 열량이 높은 음식들은 빨간색으로 표시되어 있습니다.

12

혼자서 못 노는 아이라면

아이들은 놀면서 성장합니다. 잘 놀기만 해도 따로 학습이 필요 없을 정도로 운동능력, 인지능력, 언어능력, 창의력, 사회성 등이 골고루 발달합니다. 특히 초등 저학년까지 아이들은 상상력이 풍부합니다. 다양한 역할 놀이를 통해 상상력을 더 키워갑니다. 놀면서 기획, 연출, 감독, 배우를 하면서 자율성, 독립성, 상상력, 문제해결력이 자랍니다. 이런 능력들은 아이가 커서 주도적으로 인생을 살아가는 데 꼭 필요한 자기조절능력의 요소들이죠.

아이가 음식을 골고루 먹어야 잘 크는 것처럼 놀이도 다양하게 할 수 있어야 잘 발달합니다. 혼자 있으면 "심심해"라는 말을 입에 달고 사는 아이가 있습니다. 혼자서만 노는 것도 문제지만, 혼자서는 전혀 놀 줄 모른다면 그것도 문제예요. 때로는 혼자서 놀아야 할 때가 있습니다.

혼자서 잘 놀도록 가르쳐야 하는 이유

혼자 못 노는 아이는 혼자서는 무슨 놀이를 할지, 어떻게 놀아야 더 재미있는지 아직 잘 모르는 거예요. 아이는 혼자 놀면서 놀이를 스스로 결정하고 그 놀이에 재미있게 몰입하는 과정에서 자율성, 독립성, 창의성을 키워나갑니다. 또 자신이 무엇을 할 때 즐거움을 느끼는지 스스로를 알 수 있고, 친구가 없이 혼자 있더라도 불안해하지 않을 수 있습니다.

✦ 부모의 흔한 실수

아이가 혼자서 놀 기회를 빼앗지 마세요

아이가 놀 때 부모가 지나치게 간섭하는 경우가 많습니다. 무엇을 하고 놀지 알려주고 아이가 놀 때 계속 개입합니다. '이렇게 해봐, 저렇게 해봐, 이건 뭐니? 저건 뭐니?' 이런 식으로 질문과 지시를 통해 아이의 놀이를 방해합니다. 아이는 놀이에 몰입하기 어렵고 흥미를 잃고 맙니다. 결국 혼자서 노는 법을 잘 모르게 됩니다.

놀이보다 공부가 중요하다고 생각하지 마세요

노는 것을 시간낭비라고 생각하는 부모도 있습니다. 아이가 놀고 있으면 공부를 시킵니다. 아이는 혼자서 놀며 배우고 발달시킬 수 있는 많은 기회를 잃게 돼요. 아이의 발달에 놀이가 얼마나 중요한지 모르면 이런 실수를 합니다.

아이가 놀자고 할 때만 관심을 보이지 마세요

아이가 혼자 놀 때는 부모가 다른 일로 바쁘다가 아이가 같이 놀자고 조를 때만 관심을 보이는 경우입니다. 이 경우 부모가 느끼기에는 혼자서 못 노는 아이지만 사실 아이는 혼자서 놀 능력이 있습니다. 다만 부모에게 관심을 받고 싶어서 같이 놀자고 하는 것이죠. 이 경우 놀이에 응해주세요.

✦ 이렇게 하세요

아이가 놀 때 관객이 되어주세요

아이가 놀 때 주도권을 빼앗지 마세요. 무엇을 하고 놀지 어떻게 놀지 모두 아이가 결정하도록 해주세요. 처음에는 그저 관객이 되면 됩니다. 아이의 놀이를 지켜보면서 '우와! 그랬구나' 하면서 추임새만 넣어도 충분합니다. 관객이 된다는 것이 지루할 수도 있어요. 그러나 아이가 주도적으로 노는 것을 부모가 꾸준히 지켜보면 아이는 점차 자율적, 독립적으로 놀이하는 법을 익힐 수 있습니다.

부모와의 놀이 시간을 미리 정해주세요

혼자 노는 것보다 부모와 노는 것을 더 좋아하는 아이가 있습니다. 아이는 자꾸 같이 놀자고 조릅니다. 부모는 부모대로 할 일이 있으니 아이와 계속 같이 놀아줄 수는 없습니다. 이럴 때는 놀이 시간을 미리 정해주세요. 저녁 8시부터 20분은 엄마 아빠와 놀이 시간, 이런 식으로 정하면 됩니다. 그리고 그 시간만큼은 다른 모든 것을 접고 아이와의 놀이에만 집중하세요.

이렇게 짧고 강하게 놀아주어도 충분합니다. 아이는 부모와의 놀이 시간을 기대하면서 그 시간까지 기다리는 참을성을 배우게 됩니다. 이때 주의할 점은 놀이 약속을 어기면 안 된다는 거예요. 부모가 약속을 어기면 아이는 시간 맞춰 놀아준다는 말을 믿지 못하고 종일 따라 다니며 놀아 달라고 조를 것입니다.

혼자서 잘 놀 때 관심과 칭찬을 주세요

많은 부모님들이 아이가 혼자서 잘 놀 때는 다른 일을 하다가 아이가 놀자고 하면 그때서야 아이에게 관심을 보입니다. 아이는 부모에게 관심을 받고 싶어서 놀자고 조를 수도 있습니다. 평소에 수시로 아이에게 관심을 보여주세요. 특히 아이가 혼자서 놀 때 관심을 주세요. "우리 수현이가 혼자서도 참 잘 노네" 이렇게 한마디 칭찬해주고 가벼운 스킨십을 하는 정도면 충분해요. 평소에 충분한 관심을 받은 아이라면 같이 놀아달라고 떼를 쓰며 부모의 관심을 끌 이유가 없습니다.

13

동생을 괴롭힐 때

큰아이는 동생이 태어나면서 상대적으로 부모의 관심을 빼앗기고 소외됩니다. 어쩌다가 동생을 울리면 어른들에게 혼이 납니다. 말이 안 통하는 동생은 큰아이가 아끼는 물건을 망가뜨리기도 합니다. 이래저래 동생은 미운 존재입니다.

그러나 다른 한편으로 동생은 심심할 때 같이 놀 수 있는 친구가 되기도 하고 자신을 따르는 졸병이 되기도 합니다. 동생을 챙기며 돌보는 기쁨도 느끼고 게다가 그 덕에 어른들의 칭찬을 받을 수도 있습니다.

형제자매의 관계는 부모 하기에 달렸습니다

동생 때문에 혼날 일만 있다면 동생은 미운 존재입니다. 그러나 반대로 동생 덕분에 더 대우받는다면 동생은 소중한 존재가 되죠. 큰아이에게 동생을 어떤 존재로 만들 것인지는 부모에게 달려 있습니다. 부모 하기에 따라 아이는 동생과 사이가 좋아질 수도 있고 나빠질 수도 있어요. 부모가 동생과 잘 놀고 잘 챙기는 큰아이를 더 칭찬해주고 대우해준다면 아이는 동생을 소중히 여기고 동생과 사이가 좋아질 거예요. 큰아이와 작은아이가 사이좋게 지내려면 부모의 역할이 매우 큽니다.

자신보다 어리고 미숙한 동생과 잘 지내려면 아이는 양보와 배려, 돌보는 기쁨, 참을성 등을 배워야 하죠. 이 모두 자기조절능력을 키우는 요소들입니다. 동생과 사이가 좋은 아이는 자기조절능력이 더 좋습니다.

✦ 부모의 흔한 실수

싸우면서 크는 거라며 방치하지 마세요

아이끼리 다투는데 다 그렇게 크는 법이라고 못 본 체 그냥 두는 부모들이 있습니다. 그러면 아이들은 갈등을 말로 해결하고 일부는 타협하고 서로 조금씩 양보해 협동하며 같이 지내는 법을 배우지 못해요. 매번 같은 문제로 싸움이 나도 해결이 안 되면 사이만 멀어질 뿐이에요. 부모가 개입해서 옳고 그른 부분을 이야기해주어야 합니다.

동생만 보호하지 마세요

약한 쪽을 보호한다고 동생을 감싸면서 큰아이를 야단치면 당장은 문제가 해결된 것처럼 보입니다. 그러나 아이 마음에는 억울함과 동생에 대한 피해의식이 쌓여갑니다. 그런 감정들은 다음에 문제가 있을 때 더 크게 터져나오게 되거나, 부모가 보지 않을 때 동생을 은밀히 괴롭히는 형태로 표출되죠.

잘 놀 때는 놔두고 싸우면 득달같이 혼내지 마세요

아이가 동생과 잘 놀 때는 부모가 아무런 반응이 없다가 싸우면 그제야 달려와서 혼낸다면 어떻게 될까요? 아이는 동생과 같이 있을 때 부모의 좋은 피드백보다는 화내는 모습을 더 많이 경험합니다. 두 아이 모두 서로에 대해 안 좋은 기억이 더 많아집니다.

✦ 이렇게 하세요

싸우면 적극적으로 중재해주세요

장난감 때문에 싸우면 앞으로는 순번을 정해서 논다든지, 그래도 싸우면 그날 하루는 둘 다 가지고 놀 수 없다든지 하는 규칙을 함께 정하세요. 빵이 하나 있을 때 어떻게 나누어 먹을지를 고민해주세요.

어른이 보기에는 별거 아닌 일이지만 아이는 의견을 조율하고 갈등을 해결하는 방법을 모를 수 있습니다. 부모가 나서서 해결 방법을 알려주세요. 차분하게 이런저런 방법을 제시하는 부모의 모습을 보는 것만으로 아이는 배우는 것이 많습니다.

동생으로 인해 칭찬받는 일을 만들어주세요

동생과 싸운다고 혼만 내서는 큰아이와 동생의 사이가 좋아질 수 없어요. 동생으로 인해 칭찬받는 일을 많이 만들어주세요. 먹을 것이 있으면 큰아이에게 먼저 주어 동생과 나누어 먹도록 해주세요. 그러면서 동생에게 나눠준 큰아이에게 폭풍 칭찬을 해주세요. 아이는 자신이 주도적으로 장난감이나 먹을 것을 나누면서 자율성과 책임감을 키우는 동시에 자존감도 올라가게 됩니다.

아끼는 물건을 챙기는 법을 알려주세요

아직 어린 동생이 실수로 큰아이의 소중한 것들을 잘못 만져서 망가뜨리지 않도록 미리 소중한 것들은 동생 손이 닿지 않는 곳에 잘 보관하도록 알려줍니다. 이는 아이로 하여금 앞으로 무슨 일이 생길지 예측하는 힘이 자라게 해줍니다. 또한 자기 물건을 잘 관리하는 능력도 생깁니다.

14

원하는 것을 말 못 하고 징징댈 때

웬만한 것은 다 말로 활발하게 표현하면서도 정작 원하는 것은 말을 못 하고 징징대는 아이들이 있습니다. 울면서 웅얼거리면 상대방은 아이가 뭔가 대단히 화가 나거나 슬프다는 것을 알 수 있지만 정작 무슨 뜻인지는 알 수 없죠. 왜 화가 났는지, 왜 속상한지, 아이가 원하는 것이 무엇인지 파악하기 어렵습니다.

징징거리는 아이는 또래나 선생님들에게 환영받지 못합니다. 감정부터 튀어나오는 대화는 상대방에게 불쾌한 인상을 남깁니다. 아이가 사람들과 잘 어울리고 의사소통을 잘하기를 바란다면 감정을 조절해서 대화하는 법을 알려주어야 합니다.

✦ 부모의 흔한 실수

아이가 징징거린다고 화부터 내지 마세요

아이에게 예쁘게 말하라고 하면서 정작 부모는 버럭 짜증을 냅니다. 아이가 징징거리자마자 부모가 화를 내는 것은 부모 역시 감정을 조절하지 않고 그대로 대응하는 것과 같아요. 아이에게 왜 그런지 말로 하라고 차분하게 이야기한 다음, 아이가 마음을 가라앉힐 때까지 기다립니다.

징징거릴 때만 귀 기울인 건 아닌가요?

아이가 예쁜 말로 요청할 때는 "응응, 나중에" 하면서 무심하게 흘려듣다가 징징거리면 그제야 아이의 말에 관심을 주는 경우가 있습니다. 이는 징징거리는 아이로 만드는 행동입니다. 몇 번 반복되면 아이는 그냥 말해서는 목만 아프다는 것을 깨닫거든요. 그 다음부터는 요구 사항이 있을 때 일단 징징거리게 됩니다. 아이가 징징거리기 전에, 아이가 예쁜 말, 좋은 말로 이야기할 때 관심을 갖고 잘 들어주세요.

✦ 이렇게 하세요

징징거리는 이유를 파악하세요

아이가 징징거리는 이유는 많습니다. 오늘 컨디션이 좋지 않아서, 감기나 배탈로 몸이 아파서 징징거릴 수도 있습니다. 징징거려야 부모가 들어주어서 그럴 수도 있습니다. 원하는 대로 안 될 때 징징거리는 경우가 있는가 하면, 하기 싫은 것을 해야 할 때 징징거리는 경우도 있습니다. 먼저 아이가 주로 징징거리는 원인을 파악해서 그에 맞게 문제를 해결하는 법을 가르쳐주세요.

예쁘게 말할 때 즉시 관심을 주세요

"좋은 말로 할 때는 안 듣고 꼭 소리를 질러야 하니?" 많은 부모들이 쓰는 말인데요, 입장 바꿔 생각하면 아이 역시 마찬가지입니다. 원하는 것을 이야기할 때는 징징거려야 부모가 대충대충 흘려듣지 않고 바로 들어준다고 생각할 수 있습니다. 징징거리는 것은 아이에게도 힘든 일이에요. 아이가 예쁘게 말할 때 관심을 주세요. 아이는 굳이 징징거릴 필요가 없다는 것을 배우게 됩니다.

징징거리면 안 통한다는 것을 알려주세요

아이가 징징거리는 게 싫다면, 징징거려도 소용없다는 것을 알려주어야 합니다. 아이가 징징거릴 때 무시하는 것도 방법입니다. "엄마 아빠는 징징거리는 아이 말은 안 들어. 또박또박 바르게 말하면 들어줄게" 이야기하세요. 그럼에도 아이가 징징거린다면 아이의 반응을 무시하고 하던 일을 계속하세요. 그러다 아이가 스스로 감정을 조절하고 예쁘게 말하면 즉시 관심을 보이고 칭찬해주세요.

단호하게 대처하세요

듣기 싫어서 또는 남들 보기 창피해서 아이가 징징거리는 소리를 들어주면 안 됩니다. 징징거리기 전에 들어줄 요구였다면 빨리 들어줍니다. 어쨌거나 들어주지 않을 요구였다면 아이가 징징거리다 울고 떼를 써도 들어주면 안 됩니다. 부모가 최대한 단호하게 일관성을 유지해야 해요. 그 과정에서 아이는 울음과 떼로는 원하는 것을 얻을 수 없다는 사실을 알게 되죠. 대화를 할 때 감정을 조절하고 정확하게 의사소통을 하는 방법도 배우게 됩니다.

15

돌아다니며 식사할 때

함께 밥 먹는 것이 즐거운 사람이 있는 반면, 같이 밥 먹기 싫은 사람도 있습니다. 지저분하게 흘리는 사람, 침을 튀기며 말하는 사람, 앞사람에게는 관심도 없이 핸드폰만 들여다보는 사람, 다른 사람들은 이제 겨우 반쯤 먹었는데 급하게 먹어치우더니 양해도 없이 벌떡 일어나 나가버리는 사람, 반대로 다른 사람들은 후식까지 다 먹었는데 세월아 네월아 밥알을 세며 먹는 사람 등, 이런 사람과는 한두 번이라면 몰라도 계속 밥을 같이 먹고 싶지는 않습니다. 사회성 좋은 사람으로 키우고 싶다면 식사예절은 기본이에요. 식사예절은 한자리에 앉아서 먹는 것에서 시작됩니다.

한자리에 앉아서 먹기 위해서는 밥을 먹다가 주변에 신기한 것이 나타나도 곧바로 일어나서 쫓아가지 않는 충동조절능력이 필요합니다. 식탐이 없는 아이의 경우, 가만히 앉아서 밥을 먹는 것이 장난감을 가지고 노는 것보다 지루할 수 있습니다. 한자리에 앉아서 밥을 먹으려면 그런 지루함을 견딜 참을성도 필요합니다. 흘리지 않고 잘 먹기 위해 운동조절능력도 연습하게 됩니다. 남들과 먹는 속도를 맞추려면 주위 사람을 살피는 능력, 시간을 관리하는 능력도 필요합니다. 어떤 음식을 얼마나 먹을지 스스로 조절해야 과식하지 않으면서도 골고루 영양소를 섭취할 수 있습니다. 그뿐인가요. 음식을 먹으면서 사람들과의 대화에 집중하는 능력도 있어야죠. 한자리에 앉아서 밥을 잘 먹는 어른으로 자라는 데 이렇게 많은 자기조절능력이 필요하답니다.

한자리에 앉아서 밥을 먹도록 가르쳐야 하는 이유

어른들도 때로 지하철을 타러 가면서 뭔가를 먹을 수도 있고, 일을 하거나 공부를 하면서 먹을 때가 있잖아요. 그런데 왜 아이에게는 한자리에 앉아서 밥을 먹도록 가르쳐야 할까요?

어른들은 급할 때 돌아다니며 먹더라도 사람들과 어울리며 한자리에 앉아서 먹어야 할 때는 또 그렇게 할 수 있어요. 상황에 따라 먹는 행동을 다양하게 조절하는 것이 가능합니다. 그러나 아이들은 그렇지 못해요. 아직 한자리에 앉아서 밥을 먹을 수 있도록 자기를 조절하는 능력이 없습니다. 이 능력을 키워주지 않으면 한자리에 앉아서 먹어야 하는 급식시간에도 혼자 돌아다니며 먹어서 흘리거나 다치고 주위에 방해가 될 수 있겠죠. 다른 아이들이 싫어하고 선생님에게 지적을 받을 겁니다. 다른 사람들과 어울리며 즐거운 식사시간을 갖기 어렵게 됩니다. 그러니 어렸을 때부터 식사시간에는 한자리에 앉아 있도록 가르쳐야 합니다. 급식시간에 곤란한 일이 생기는 것을 막고 싶다면 초등학교 입학 전에 한자리에 앉아서 정해진 시간 안에 식사를 마치는 훈련을 해두는 것이 좋습니다.

✦ 부모의 흔한 실수

따라다니며 먹이지 마세요

아이가 잘 먹지 않는다고 따라다니며 먹이는 경우가 있습니다. 아이는 부모가 주는 음식을 한 술 받아 먹고는 곧 놀잇감이 있는 곳으로 갑니다. 놀고 있는 아이에게 부모가 숟가락을 들고 따라가서 또 한 술 먹입니다. 식사가 단순한 영양 공급을 위한 것이 되고 말아요. 아이는 참을성, 시간 개념, 식사나 대화에 집중하는 능력, 숟가락질을 하는 운동조절능력 등을 발달시키기 어렵습니다.

식사 중에 디지털 기기를 주지 마세요

아이가 얌전히 앉아서 먹도록 식사시간에 디지털 기기를 주는 것을 종종 봅니다. 가끔이면 몰라도 매번 그렇다면 문제가 있습니다. 아이는 먹는 행동에 집중하면서 무엇을 얼마나 먹을 것인지 스스로 조절해야 합니다. 다른 사람들의 대화에 집중하면서 적절하게 대화에 참여하는 자기조절능력도 키워갑니다. 그런데 디지털 기기에 정신이 팔려 있는 동안에는 이런 자기조절능력을 키워가기 어려워요. 학교나 직장에서 여럿이 같이 식사를 할 때 핸드폰이 없으면 지루해서 못 견디는 사람을 상상해보세요. 그런 사람과는 누구도 같이 식사하고 싶지 않을 겁니다.

부모가 대충 서서 끼니를 해결하지 마세요

아이는 사람들이 식사를 하는 동안 대화하고 교류하는 모습을 보며 따라서 하게 됩니다. 편식하는 아이는 다른 사람이 맛있게 먹는 모습을 보면서 다른 음식에 대해 호기심도 갖게 됩니다. 아이에게는 정성껏 차려놓고 앉아서 먹으라고 하면서 부모 자신은 서서 대충 끼니를 때우지 마세요. 아이는 부모와 함께 앉아서 먹으며 많은 것을 배우니까요.

✦ 이렇게 하세요

식사에 집중할 수 있는 환경을 만들어주세요

TV를 끄라고 하세요. 장난감을 식탁에 가지고 오지 않도록 하세요. 오롯이 식사에 집중할 수 있도록 아이를 산만하게 하는 대상은 최대한 없애는 것이 좋습니다.

식탁에서 식사하도록 해주세요

거실의 소파나 책상 등 이리저리 옮기며 식사를 하면 식사에 집중하기 어렵습니다. 뇌는 습관에 약해요. 늘 정해진 곳에서 앉아서 식사를 하면 아이는 조금 더 쉽게 한자리에서 식사하는 것에 익숙해집니다.

식사가 즐거운 시간이 되도록 해주세요

앉아서 하는 식사의 지루함을 쉽게 극복할 수 있도록 다양한 방법을 사용해보세요. 아이를 즐겁게 하는 방법이 아이가 좋아하는 음식이 될 수도 있고 음식의 모양이나 식기, 조리법이 될

수도 있죠. 즐거운 식사를 경험한 아이는 더 쉽게 한자리에 앉아
서 식사를 할 수 있습니다.

16

책상에 앉기 싫어한다면

아이가 스스로 책을 읽고 무언가 쓰고 그리는 걸 좋아하는데, 문제는 그걸 책상에 앉아서 하지 않고 아무데서나 하려고 합니다. 아이가 책을 보는 것 자체가 좋은 부모는 거실에 엎드려서 책을 보는 아이를 그냥 둡니다.

그러나 이렇게 하는 것은 문제가 있습니다. 재미있는 책은 자세가 불편해도 그런대로 볼 수 있습니다. 그러나 지루한 수학 문제 풀기는 어떨까요? 오래 하기 어렵죠. 게다가 바르지 못한 자세는 성장하는 척추에 문제를 일으킬 수도 있습니다.

책상에 앉는 습관이 중요한 이유

인간의 뇌는 습관이 중요합니다. 습관이란 자기도 모르게 몸에 배어 자연스럽게 행동하게 되는 것이죠. 식이장애 환자들에게는 반드시 식탁에 앉아서 먹는 습관을 들이도록 시킵니다. 뇌가 식탁에 앉아 일인분 한 끼를 먹는 데 익숙해지면 과식이나 폭식의 위험이 줄어듭니다. 수면장애 환자들에게는 침대에서는 잠만 자는 습관을 들이라고 조언합니다. 침대에서 책을 보거나 핸드폰을 하는 것은 숙면에 나쁜 습관입니다.

취학 전후 시기에는 먹는 것, 자는 것 등 기본적인 생활에 대해 좋은 습관을 들이기 시작해야 해요. 책상에 앉아서 책을 보는 습관도 빠르게 들일 수록 좋습니다.

✦ 이렇게 하세요

아이에게 책상을 정해주세요

형편이 된다면 아이의 성장에 맞춰 높낮이를 조절해 앉을 수 있는 책상을 마련해주세요. 그리고 아이가 책상 앞에 앉아서 무언가를 하면 칭찬해주세요. 엎드리거나 누워서 책을 읽으면 책상에 앉아서 읽도록 유도해주세요.

책상과 즐거운 감정을 연상시켜주세요

혼자서 책상에 앉아 책을 읽는 것이 어떤 아이에게는 외로울 수도, 어떤 아이에게는 지루할 수도 있습니다. 처음에는 부모도 곁에 앉아 책을 읽는 등 함께 있어주는 게 좋습니다.

또한 책상에서 그림을 그리고 종이접기를 하는 등 다양한 활동을 하도록 도와주세요. 책상에 앉아 지루한 학습지만 시킨다면 아이는 책상에 앉는 것 자체를 싫어할 수 있습니다. 아이가 책상에 앉으면 같이 책을 읽거나 놀이를 하면서 아이의 뇌가 책상에 앉는 것 자체를 편하고 즐거운 행동으로 기억하도록 해주세요.

다양한 소근육 활동을 하게 해주세요

손을 써서 그림 그리기, 만들기, 종이접기, 조립하기 등을 하면 소근육에 대한 조절력이 자랍니다. 아이가 즐겁게 이런 활동을 할 수 있도록 책상 곁에 풀, 가위, 도화지, 색연필, 크레용, 블록 등을 마련해주세요.

17

수줍음이 너무 클 때

정도의 차이는 있지만 대부분의 아이들은 낯선 사람들 앞에서 부끄러움을 느낍니다. 많은 사람 앞에 나서는 것이 수줍을 수 있습니다. 낯선 상황에서는 누구나 불안합니다. 부끄러움도 일종의 불안이죠. 아이는 자신의 부끄러움과 불안이 당황스럽습니다.

부끄러움을 느끼는 것 자체가 문제는 아닙니다. 어느 아이나 어느 시점에서는 부끄러움을 느낄 수 있습니다. 부끄러움과 불안을 조절하고 극복하면 아이는 더욱 성장할 거예요.

아이가 낯선 사람들 앞에서 주저하고 멈칫거린다면 이것을 성장의 기회로 삼으세요. 아이가 부끄러움을 극복할 수 있도록 단계적으로 도움을 주세요. 아이는 자신의 불안을 조절해서 용감하게 새로운 상황에 도전할 겁니다.

부끄러움을 극복해야 하는 이유

아이는 다른 아이들과 같이 놀고 싶지만 안 놀아줄까 봐 혹은 놀릴까 봐 불안합니다. 어떻게 해야 할지 몰라 멀찍이 서서 다른 아이들이 노는 것을 그저 바라만 봅니다. 부끄럽다고 자꾸 피하게 되면 아이는 점차 친구를 사귈 기회를 잃게 됩니다. 혼자 놀게 되어 심심할 뿐 아니라 점차 친구들 사이에서 존재감이 없어지게 되고 자존감이 낮아지게 됩니다. 친구와 어쩌다 어울리게 되어도 대화를 이어나가는 방법을 잘 모릅니다. 다툼이 생겼을 때 부드럽게 해결해나가는 기술도 미숙합니다. 사회성이 점차 떨어지니 어울리는 것이 더욱 불안해집니다. 다음에 어울릴 기회가 와도 부끄러움이 더 많아집니다. 악순환에 빠진 거죠.

이런 악순환에 빠지기 전에 아이가 부끄러움을 극복하고 친구들과 어울리도록 도와줘야 합니다. 아이가 다른 사람과 어울릴 때 느끼는 불안을 스스로 조절할 수 있으면 부끄러움도 줄어들게 됩니다.

✦ 부모의 흔한 실수

부끄러움이 많은 아이라고 낙인 찍지 마세요

부모가 아이를 부끄러움이 많은 아이라고 낙인 찍으면 아이는 자신을 그렇게 바라보고 새로운 시도를 하기를 더욱 두려워합니다. 다른 사람도 아이에게 낙인 찍지 않도록 하세요. 다른 사람이 아이에게 "넌 부끄러움이 많구나"라고 말하면 "우리 아이는 처음에는 좀 시간이 걸리지만 친해지만 잘 어울려요"라고 아이 앞에서 말해주세요.

그 상황을 비난하거나 놀리지 마세요

아이는 낯선 상황에서 불안을 다스리고 조절하는 방법을 배우는 중입니다. 누구나 배우는 동안에는 잘 못 하고 실수를 할 수 있어요. 비난하거나 놀리면 아이는 더 불안해져서 불안을 조절하는 방법, 부끄러움을 극복하는 방법을 배우기 어렵습니다.

✦ 이렇게 하세요

부모의 경험을 이야기해주세요

부끄러움을 느껴서 주춤거리는 아이는 용감한 친구들과 비교하며 자칫 자존감이 떨어지기 쉽습니다. 누구나 부끄러움을 느낄 수 있다는 것, 부모 자신도 부끄러움을 느꼈던 경험이 있다는 것을 이야기해주세요. 아이의 자존감을 지켜줄 수 있습니다.

부끄러움을 극복하면 무엇이 좋은지 이야기해서 아이가 용기를 내도록 도와주세요 "세진아, 부끄럽지? 아빠도 어릴 때 그랬어. 그런데 용기를 내서 같이 놀아보니까 너무 재미있었어"라고 말이죠.

작은 것부터 실천하도록 해주세요

인사를 건네는 것조차 힘들어하는 아이라면 인사부터 시작할 수도 있습니다. 처음부터 많은 아이들이 노는 데 끼어들기 어려울 수 있으니 한 명의 아이와 어울리는 것부터 출발하도록 하세요. 알고 지내던 아이 한 명을 익숙한 환경인 집으로 불러 같이 노는 것도 좋은 방법이에요. 처음에는 부모가 곁에 있어주다가, 아이가 놀이에 몰입하게 되면 점차 멀리 자리를 옮길 수도 있습니다.

용감한 시도를 하면 상을 주세요

전에는 못 했던 용기 있는 행동을 하면 칭찬해주세요. 아이는 불안을 조절하고 부끄러움을 극복하는 방법, 친구와 어울리는 방법을 배워가고 있습니다. 부모의 칭찬과 격려는 아이에게 큰 힘이 됩니다.

18

겁을 너무 많이 낼 때

겁이 전혀 없는 아이를 상상해보세요. 높은 곳에서 뛰어내리고, 달리는 찻길에 뛰어들어가고, 사나운 개에게 불쑥 손을 내밀어 만지려 하고, 낯선 사람도 경계하지 않고 따라가는 아이. 생각하기 싫을 정도로 위험한 상황이 생길 수 있어요. 겁이란 아이가 건강하게 자랄 수 있게 보호하는 역할을 합니다. 그러니 아이가 겁을 낸다고 무조건 걱정할 일은 아닙니다. 아이가 성장할 또 다른 기회가 왔다는 신호입니다.

아이에게는 익숙하지 않은 것이 많아요. 어두움, 낯선 사람, 낯선 곳, 동물, 괴물 등등, 아이는 이런 것들이 너무 무섭고 겁이

나는데 어떻게 해야 할지 모릅니다. 그래서 울고 피하려고 합니다. 부모 뒤에 숨거나 도망가려고 합니다. 자꾸 울고 숨는 아이를 보면 부모는 당황스럽습니다. 이렇게 겁이 많아서 앞으로 어떻게 살까 걱정됩니다.

겁이 나는 이유는 낯선 것을 알아차렸기 때문이에요. 저 낯선 경험이 어떤 결과로 이어질지 그다음 단계를 알 수 없어 겁이 납니다. 그럼에도 차차 아이는 겁이 나는 상황을 극복하면서 불안과 공포를 스스로 다스리고 통제하는 힘을 기릅니다. 그 과정에서 자신감을 키우고 도전에 대한 감각을 익히죠. 이 경험이 앞으로 새로운 상황이나 과제를 앞두고 힘을 낼 수 있게 도와줍니다.

겁을 이겨내야 하는 이유

겁은 겁을 먹고 삽니다. 겁을 통제하지 못하면 늘 겁에게 지고 맙니다. 비슷한 상황이 닥치면 늘 시도도 잘 못 하고, 도망치고 숨고 울 수밖에 없어요. 겁이 공포로 변하면 극복하기가 더 어렵습니다. 겁에 눌려 늘 피하기만 하면 아이는 자신감을 잃고 소극적으로 변합니다. 통제감을 잃고 자존감도 떨어집니다.

아이가 겁을 먹었다면 겁을 이길 수 있도록 도와주세요. 겁을 다스리는 기술을 익혀 자신을 통제할 수 있게 해야 합니다.

✦ 부모의 흔한 실수

겁쟁이라고 놀리지 마세요

아이는 겁이 나는 상황에서 어쩔 줄 모릅니다. 자신도 당황스럽고 괴롭죠. 그런데 곁에서 부모가 아무 일 아니라는 것처럼 겁쟁이라고 놀리면 불난 집에 기름을 붓는 격이에요. 부모의 비난이나 놀림은 아이가 겁을 극복하는 데 방해가 될 뿐입니다. 아이가 성장하는 데 아무런 도움이 되지 않습니다.

겁주지 마세요

마주 오는 강아지가 무서워서 부모에게 찰싹 달라붙어 우는 아이에게 겁을 줘서 상황을 악화시키는 경우가 있습니다. "너 자꾸 울면 저 무서운 아저씨가 잡아간다" 혹은 "너 이러면 엄마 혼자 가버릴 거야" 이런 식으로 아이를 더 불안하게 하는 경우죠. 부모는 어떻게 해서든 아이가 겁을 이겨내기를 바라는 마음에서 그럴 거예요. 그러나 아이에게 필요한 것은 용기입니다. 아이에게 겁을 주면 그나마 짜내려는 용기마저 사라지게 됩니다.

억지로 시키지 마세요

중요한 것은 아이 스스로 자신을 통제하고 용기를 내는 것입니다. 아직 준비되지 않은 아이를 억지로 무서운 상황에 밀어넣지 마세요. 준비 없이 싸움터에 나간 군인과 같습니다. 겁을 이길 준비가 안 되어 있으니 겁을 극복하지 못하고 좌절할 가능성이 많아요. 아이는 더 큰 무력감을 느끼게 됩니다.

✦ 이렇게 하세요

부모부터 침착하세요

아이가 겁을 먹고 울면서 매달리면 부모가 더 당황할 수 있습니다. 당황하면 감정 조절이 어려워요. 아이를 비난하거나 화를 낼 수도 있고 무리하게 아이를 밀어붙일 수도 있습니다. 부모가 벌레를 보고 무서워서 소리를 지르면 아이는 처음 보는 벌레라 해도 크게 겁을 먹게 됩니다. 아이가 침착하기를 바란다면 먼저 부모부터 침착해지세요. 아이는 부모의 행동을 따라 합니다.

안심시켜주세요

"많이 무섭구나." 이렇게 말로 아이의 겁을 인정해주세요. 그리고 안아주고 도닥여주세요. 부모가 곁에 있다는 것, 아이를 지켜줄 것이라는 사실을 이야기해서 최대한 안심시켜주세요.

쉬운 것부터 극복하도록 해주세요

아이가 무서워하는 대상이 있으면 그보다 극복하기 쉬운 대상을 찾아서 차근차근 극복하도록 도와주세요. 예를 들어, 아이가 개를 무서워한다면 개 그림이나 개 인형을 가지고 놀게 해주고, 그다음에는 아주 작은 강아지부터 관찰해보는 겁니다. 어두움을 무서워한다면 처음에는 밝은 방에서 자다가 다음에는 조도가 조금 낮은 조명을 켜고 자도록 하고, 익숙해지면 점차 조도를 더 낮추는 겁니다.

한 단계를 극복하고 이겨내면 칭찬해주세요. "무서운데 잘 참았네. 참 잘했어요" "정말 용감하구나. 대단해" 다음 단계에 도전해볼지는 아이에게 물어보고 결정하세요. 아이가 그러겠다고 하면 역시 칭찬해주세요.

19

친구와 자꾸 싸운다면

아이들은 다른 사람과 의견이 다를 때 어떻게 해야 할지 잘 모릅니다. 그래서 많이 싸우는 겁니다. 싸움은 아이들이 자라며 반드시 겪는 과정이에요. 아이에게는 싸우는 것 자체보다 싸움을 통해 무엇을 배웠는가가 중요합니다.

아이가 싸우는 원인은 많습니다. 친구와 의견이 다를 때 말로 타협하지 못하고 주먹으로 해결하려니 싸우게 됩니다. 양보하지 못하고 순서를 지키지 못해 싸우기도 합니다. 다른 아이가 싫어하는 별명을 자꾸 불러서 싸움이 되기도 합니다.

싸우는 원인들을 살펴보면 결국 아이가 배워야 할 것들이라는 사실을 알 수 있어요. 다른 사람의 입장을 이해하고 배려하는 법, 화가 나도 말로 하는 법, 타협하고 문제를 해결할 방법을 찾고 함께 대화하는 능력, 이 모든 능력들이 커가며 아이는 점차 싸움을 덜 하게 됩니다.

아이들 싸움을 관찰해야 하는 이유

아이가 자주 싸운다면 싸우는 원인을 잘 살펴보세요. 다른 사람이 자신과 생각이 다를 수 있다는 것을 이해하지 못하는 아이일 수도 있습니다. 화를 못 참는 아이일 수도 있습니다. 혹시 부모가 주먹이 말보다 더 효과가 있다고 믿고 그렇게 훈육하고 있다면 아이도 일단 주먹부터 날릴 수 있습니다. 양보할 줄 모르거나 타협하는 방법을 모르는 아이일 수도 있지요.

싸우는 원인을 알아내서 그 부분이 성장할 수 있도록 도와주어야 합니다. 싸우고 나서도 배우는 게 없으면 아이는 같은 문제로 또 싸우게 됩니다. 아이의 싸움을 아이가 더 성장할 기회로 활용하세요.

✦ 부모의 흔한 실수

아이 앞에서 쉽게 화내지 마세요

부모가 사소한 일로 쉽게 화를 내고 소리 지르고 싸우는 것을 보면 아이도 갈등이 생길 때 그렇게 하면 된다고 생각합니다. 부모가 싸우는 모습을 자주 보여주면서 아이가 싸운다고 혼내면 아이는 혼란을 느낍니다. 적어도 아이 앞에서는 서로 싸워서는 안 됩니다.

싸웠다고 야단만 치지 마세요

싸운 것 자체로 야단만 치면 아이는 배우는 것이 없어요. 아이는 문제를 해결할 다른 방법을 몰라서 싸운 겁니다. 잘못한 것은 야단을 쳐야 하겠지만, 왜 싸웠는지, 어떤 감정이 들었는지, 다음부터는 그런 경우 어떻게 행동하면 좋을지 이야기 나누고 가르쳐주세요.

✦ 이렇게 하세요

싸우는 아이들을 떼어놓고 각각 대화하세요

흥분해서 싸우다 보면 누군가 다칠 수도 있습니다. 싸우는 아이들을 일단 떼어놓아서 더 큰 사고가 나지 않도록 예방하세요.

우선 싸운 원인을 잘 들어주고 어쨌거나 속이 상한 마음을 공감해주세요. 흥분이 가라앉으면 잘잘못을 따지세요. 아이는 부모가 자신에게 일어난 일을 경청하고 공감해주고 차분하게 문제를 해결하는 과정을 보면 갈등 해결법을 배웁니다.

구체적인 해결 방법을 제시해주세요

아이들 사이 싸움의 시작은 단순합니다. 규칙을 어겼거나 오해가 있는 경우, 같은 것을 동시에 하고 싶은 경우, 어느 한쪽이 점령하고 있는 경우 등이죠. 어른이 해결 방법을 제시하기 어려운 문제는 거의 없어요. 아이의 이야기를 잘 듣고 함께 즐겁게 놀기 위한 구체적인 해결 방법을 제안해서 중재해주세요. "두 번씩 번갈아 하는 건 어떨까?"라거나 "규칙을 확실히 정해보자"라는 식으로요. 다음에 비슷한 문제가 생겼을 때 아이가 해볼 수 있는 방법을 부모가 대신 보여주는 것입니다.

폭력으로는 얻을 게 없다는 것을 알려주세요

아이는 싸움, 특히 폭력이 동반된 싸움은 문제를 해결하는 데 좋은 방법이 전혀 아니라는 것을 알 필요가 있습니다. 폭력을 써서 얻은 것이 있다면 사과하고 돌려주도록 합니다. 필요하다면 타임아웃을 실행합니다.

올바른 타임아웃 방법

타임아웃은 아이가 자신이 한 행동을 스스로 생각해보고 반성할 수 있게 하는 훈육 방법입니다. 아이의 잘못된 행동을 고치는 효과가 있습니다. 또한 아이에게 행동의 결과를 예측하고 자신의 행동을 돌아보고 감정과 충동성을 절제하는 힘을 길러 자기조절능력이 성장하도록 돕습니다.

타임아웃 방법

미리 타임아웃할 행동을 정합니다

아이들은 잘못된 행동을 많이 합니다. 부모로서는 아이의 잘못된 행동들을 빨리 모두 고치고 싶습니다. 그러나 잘못된 행동들을 한꺼번에 고칠 수는 없습니다. 고치고 싶은 아이의 행동들을 목록으로 작성해보세요. 그 가운데 가장 문제가 되는 행동을 한 개나 두 개 정해보세요.

고쳐야 할 행동은 누가 봐도 알 수 있는 구체적이고 명확한 것이어야 합니다. '버릇없는 말, 나쁜 행동'같이 막연하고 주관적인 판단이 개입되는 것보다 '물건 던지기'같이 구체적이고 명확한 것이 좋아요. 엄마, 아빠, 할머니, 할아버지 그리고 무엇보다 아이 자신이 이견 없이 동의할 수 있는 행동이어야 합니다. 그래야 타임아웃을 시행할 때 쓸데없는 입씨름을 막고 어른마다 다른 잣대를 사용해서 생기는 혼란을 예방할 수 있습니다.

타임아웃할 행동을 정할 때 아이도 동참시키는 것이 좋습니다. 아이가 미워서 타임아웃을 시키는 것이 아니라 잘못된 행동을 고치기 위해서라는 것을 이해시키세요. 아이의 눈높이에 맞게 설명해주세요.

타임아웃할 장소와 시간을 정하세요

타임아웃의 목적은 아이가 자신의 잘못된 행동을 생각하게 하는 것입니다. 그런데 불안하면 생각하는 뇌가 잘 돌아가지 않습니다. 타임아웃하는 동안 쓸데없이 아이를 불안하게 하지 않도록 해야 합니다.

그러니 타임아웃할 장소로 외지고 고립된 곳, 어두운 곳은 피하세요. 부모와 아이 모두 서로를 볼 수 있는 곳이 좋습니다. 거실의 벽면 앞이나 의자 같은 곳이 적당한 예입니다. 정한 장소나 자리에 생각자리 혹은 생각의자 같은 이름을 붙여주세요.

장소가 정해지면 먼저 부모가 시범을 보여주세요. "물건을 던지면 여기 생각의자에 와서 앉는 거야" 이렇게 설명하고 부모가 생각의자에 앉는 모습을 보여주는 겁니다.

타임아웃 시간은 아이의 연령에 분을 붙인 것이 적절해요. 세 살이면 3분, 네 살이면 4분 정도입니다. 이것은 아이의 집중력과도 연관이 있습니다. 그 이상 시간을 연장하면 아이는 자신의 잘못을 잊어버리고 딴생각을 하게 될 가능성이 크죠. 시간의 흐름을 알 수 있도록 모래시계 등을 준비해두는 것도 좋습니다.

"생각의자에 앉지 않으면 혹은 생각의자에서 미리 일어나면 두 손을 들게 할 거야"처럼 타임아웃 약속을 지키지 않는 경우 어떤 벌을 받을지에 대해서도 미리 이야기해두세요.

짧고 단호하게 지시하세요

타임아웃을 시행할 때는 짧고 단호하게 지시하는 것이 좋습니다. "던지면 생각의자에 앉기로 했지? 던졌으니까 생각의자에 앉아" 이런 식으로요. 이 말에는 던진다, 생각의자, 앉는다, 이 세 단어밖에 없습니다. 구구절절 다른 설명을 할 필요가 없습니다.

아이가 울고불고 떼를 쓰며 앉지 않겠다고 할 수도 있습니다. 부모는 화가 나기도 있지만 한편으로 안쓰럽기도 합니다. 아이가 이렇게 싫어하는데 이 정도 일에 벌을 주어야 하나 싶어 마음이 약해지기도 합니다. 그러나 타임아웃은 아이에게 생각할 시간, 예측력과 자제력을 키울 시간을 주는 것입니다. 미리 약속한 대로 단호하게 시행합니다.

아이가 하지 않겠다고 고집을 부리거나 중간에 장소를 벗어나 돌아다닐 수도 있습니다. 이럴 때는 엄하게 대응해야 합니다. 엄하게 하는 것과 화를 내는 것은 상당한 차이가 있어요. 부모로서 권위를 갖고 싶다면 화를 내서는 안 됩니다. 굵고 낮은 목소리로 짧게 지시하세요. "이러면 두 손을 들게 할 거야" 같은 식으로요.

아이가 집중할 수 있도록 해주세요

타임아웃은 일종의 학습시간입니다. 자신의 행동을 돌아보고 행동의 결과를 예측하고 감정과 충동성에 대한 통제력을 키우는 시간인 것입니다. 아이가 조용히 집중할 수 있도록 환경을 관리해주세요. 타임아웃 동안 주위가 어수선하면 효과가 없겠죠. 텔레비전을 끄는 등 너무 소란스럽지 않도록 합니다.

타임아웃의 마무리

약속한 시간이 다 지나면 대화를 하세요. "생각의자에 앉아서 속상했지? 엄마 아빠도 속상했어" 하면서 가볍게 안아주는 것도 좋습니다. 타임아웃은 일종의 학습시간인 만큼, 마무리에다 복습의 기회도 주세요. 다시 한 번 생각의자에 앉았던 이유를 설명해주세요. "화가 나는 건 이해하는데, 물건을 던졌기 때문에 생각의자에 앉은 거야. 다음에는 던지지 말고 화가 났다고 이야기를 하자"라고요.

—— 타임아웃에 실패하는 경우들

타임아웃은 잘만 사용하면 좋은 훈육방법임에도 불구하고 의외로 타임아웃을 해도 효과가 없었다는 부모들이 꽤 됩니다. 그런 부모들이 해봤다는 타임아웃을 자세히 들어보면 잘못된 방법들이 많습니다. 타임아웃에 실패하는 이유들을 알아보겠습니다.

일관성이 없는 경우

타임아웃 행동, 시간, 장소를 함께 정했는데 어른이 임의로 방식을 바꾸게 되면, 다음 타임아웃 때 아이 역시 변경하려고 들 수 있어요. 타임아웃 상황에 대해 타협하게 되면 이 역시 타임아웃을 해야 할 원인 자체가 사라지게 되어 훈육 효과가 떨어집니다.

아이 발달 수준과 맞지 않게 훈육하는 경우

고작 세 살 정도의 아이에게 "물건을 던지면 나쁜 사람이야. 나쁜 사람이 되면 아무도 너랑 안 놀아줄 거야. 네가 던진 물건에 맞아서 누가 다칠 수도 있어. 이제 생각의자에 가서 앉아 있어." 이런 식으로 장황하게 말하면 아이는 어떤 행동을 반성해야 할지 알 수가 없습니다. 그저 생각의자에 앉아서 서럽게 울거나 부모의 눈치만 보겠죠.

타임아웃이 성공하려면 아이가 자신의 행동을 돌아보고 반성해서 다음에는 같은 행동을 하지 않아야 합니다. 즉, 아이가 자신의 행동과 그 결과를 예측할 수 있어야 하고 그 행동을 안 하는 자제심이 있어야 해요. 이런 예측력과 자제심은 아이에 따라, 연령에 따라 큰 차이가 있어요. 아이의 이해력에 맞게 설명하세요. 고쳐야 할 행동이 무엇인지 아이가 이해할 수 있도록요.

아이를 불안하게 하는 경우

부모가 잔뜩 화가 난 얼굴로 아이에게 "가서 타임아웃 해" 하고 소리를 지르면 아이는 불안합니다. 타임아웃하는 내내 부모의 눈치를 살피게 됩니다. 타임아웃의 목적은 행동 교정이지 아이에게 화를 내고 창피를 주는 것이 아니에요. 부모와 아이가 지나치게 감정적인 경우에는 정작 고쳐야 할 행동 자체에 집중하지 못해 타임아웃에 실패할 가능성이 높아요.

아이가 타임아웃할 행동을 했다면 부모는 최대한 침착하고 단호하게 지시합니다. 이때 아이를 지나치게 차갑고 냉정하게 대할 필요는 없어요. 행동이 문제이지 아이가 미운 것은 아니니, 아이에게도 그 마음이 전달되어야 합니다.

타임아웃할 행동을 막연하게 정하는 경우

'버릇없는 행동을 하면 생각의자에 앉기' 이런 식으로 부모 위주로 막연하게 타임아웃할 행동을 정하면 아이는 정확히 어떤 행동을 하지 말아야 하는지 예측하기 어렵습니다. 아이 입장에서는 정당한 의사표현이었는데 부모가 버릇없는 행동이라 결정해버리면 아이는 억울한 마음에 무엇을 반성해야 할지 알 수 없게 되죠. 타임아웃할 행동은 서로 이견이 없도록 구체적이고 명확할수록 좋습니다.

타임아웃할 행동이 지나치게 많은 경우

복잡한 교차로에서 신호등이 너무 많으면 어느 신호등의 신호를 따라야 하는 건지 혼란스러울 때가 있습니다. 마찬가지로 아이가 타임아웃할 행동이 지나치게 많으면 오히려 훈육효과가 떨어져요. 한두 개 정도가 적당합니다.

타임아웃이 오히려 상이 되는 경우

동생에게 쿠키를 나눠주기 싫은 형이 있습니다. 동생이 형에게 쿠키를 나눠 달라고 하니 형은 동생을 밀쳐 넘어뜨려서 울렸습니다. 동생을 밀면 타임아웃을 하기로 했던 터라 형은 생각의 자에 앉아서 반성을 해야 했습니다. 타임아웃을 하는 것은 속상한 일이지만 타임아웃 후에 쿠키를 나눠주지 않고 혼자 다 먹게 된다면 타임아웃은 벌이 아니라 오히려 상이 될 수도 있습니다.

타임아웃 시간이 연령에 비해 비현실적인 경우

타임아웃하는 동안 아이는 자신의 행동을 반성해야 합니다. 아이들이 집중해서 생각할 수 있는 시간은 매우 짧아요. 타임아웃 시간이 너무 길면 아이는 집중력이 흩어져서 딴생각을 하게 되므로 훈육 효과가 떨어지게 됩니다.

올바른 타임아웃을 위한 체크리스트

- ☐ 미리 타임아웃 행동, 시간, 장소를 정했나?
- ☐ 타임아웃할 행동은 구체적이고 명확한가?
- ☐ 타임아웃할 행동이 너무 많지 않은가?
- ☐ 타임아웃할 장소는 적당한가?
- ☐ 타임아웃 시간은 연령에 적당한가?
- ☐ 아이 수준에 맞춰서 설명했나?
- ☐ 아이를 불안하게 하지 않았나?
- ☐ 일관성이 있나?
- ☐ 타임아웃을 통해 아이가 이득을 보는 것은 없는가?

제
6
장

자기조절능력 3단계:

끈기, 사회성, 도덕심과 자기조절능력

아이가 학교생활을 하면서부터는 본격적으로 전두엽 기능이 발달합니다. 계획력, 실행력, 충동조절력, 초인지 기능들이 급격하게 성장하면서 '생각하는 힘'이 길러지는 시기입니다. 이 시기를 어떻게 보내느냐에 따라 자기조절능력 차이가 벌어지기 시작합니다.

이때 아이가 배워야 할 '가장 중요한 것'은 학교 수업을 놓치지 않는 것이 아니에요. 학교 생활을 통해 자기가 해야 할 일을 기억하는 법, 시간 안에서 계획을 세우는 법, 하기 싫은 일을 미루지 않고 실행하는 법, 계획을 수정하는 법, 사소한 일이라도 끝까지 해내는 법입니다.

아이는 시간 감각을 익혀, 주어진 시간 안에 과제를 마치는 연습을 합니다. 주변이 어수선하더라도 문제에 집중함으로써 작업기억력과 집중력을 키워나갑니다. 학급 내 규칙을 염두에 두고 여러 사람들과 갈등을 조절하며 사회성을 기릅니다. 탐나는 물건이 있어도 친구의 허락 없이 만지거나 몰래 훔치지 않습니다. 화가 난다고 해서 주먹을 휘두르지 않는 충동조절력도 생깁니다. 규칙을 잘 지키고 친구들을 잘 배려하며 자기 할 일을 다하는 아이는 성적도 좋고 인기도 좋습니다. 이렇게 학교 적응을 잘하는 아이는 자신감이 생기고 자존감도 올라가죠.

이는 좋은 공부 습관으로도 연결됩니다. 지루한 것을 참는 법, 짜증 나는 문제 앞에서도 감정을 다스리는 법, 문제 해결에 다가가기 위해 참을성 있게 집중하는 법 등이 학습 능력이 되기 때문입니다.

이 시기는 아이가 좋은 사회인이 되기 위해 공부 습관, 사회성, 인내심 등을 갖출 수 있도록 도와주는 것이 핵심이에요. 아이에게 일방적이거나 강압적으로 지시하는 부모의 태도는 아이가 생각하는 힘을 기르는 데 도움이 되지 않습니다. 아이가 스스로 계획하고 실행하는 연습이 중요해요. 혹시 실수하거나 실패하더라도 그 과정에서 배울 수 있도록 아이와 대화를 나누는 것이 부모의 역할입니다.

20

공부에 집중하지 못할 때

처음부터 공부를 즐겁게 하는 아이는 거의 없다고 보면 됩니다. 아이들에게 공부는 지루하고 재미가 없어요. 공부보다 재미있는 것들이 너무 많죠. 충동조절력이 약하면 이 재미있는 것들의 유혹에 쉽게 넘어갑니다.

괜히 아이가 아닙니다. 금방 혼자서 잘하는 아이는 없습니다. 아이의 손에 닿는 유혹을 없애고, 유혹에 견디는 힘을 길러주고, 공부가 조금은 덜 지루할 수 있게 동기 부여를 하는 등 어른의 도움이 필요합니다. 아이가 집중하는 방법을 익히고, 어려운 공부를 잘 해냈을 때의 성취감에 익숙해지도록 반복이 필요합니다. 그러면 아이는 점점 집중력 있게 공부를 할 수 있습니다.

✦ 부모의 흔한 실수

공부하는 데 방해하지 마세요

집중력도 키워지는 겁니다. 아직 집중력이 약한 아이는 주변의 사소한 변화에도 쉽게 주의가 분산됩니다. 아이가 뭘 하는지 본다면서 슬쩍 들여다보는 것도 아이에게는 방해가 돼요. 아이가 공부를 하는데 곁에서 잡담을 하거나 핸드폰으로 게임을 하거나 TV를 크게 틀어놓는 것도 역시 방해 요소입니다.

부모 마음대로 공부 양을 늘이지 마세요

산 정상이 10분 남았다면 끝까지 올라갈 수 있습니다. 그러나 가도 가도 끝이 보이지 않는다면 중간에 돌아가고 싶은 마음이 굴뚝같습니다. 공부도 마찬가지예요. 하기 싫은 공부를 마치면 실컷 놀 수 있다는 규칙은 아이에게 공부에 집중할 동기가 됩니다. 약속한 분량의 문제를 어제는 40분 걸려 풀었는데 오늘은 25분 만에 끝낸 아이에게 "한 페이지 더 하고 놀자"라고 말하면 아이는 급격하게 동기를 잃고 말아요. 아이의 집중력도 떨어집니다.

✦ 이렇게 하세요

유혹이 될 만한 것들은 치워주세요

아이는 유혹에 약합니다. 책상과 그 주변에 널린 디지털 기기, 장난감 등을 치워주세요. 아이의 집중을 분산시킬 소음이나 눈길을 끄는 소품들도 없애는 것이 좋습니다.

수준에 맞는 것을 공부하게 하세요

요즘 선행학습을 많이 합니다. 빠르게 많이 공부하는 게 중요할 수 있습니다. 그러나 아직 공부의 틀이 제대로 잡히지 않은 아이에게 너무 수준 높은 공부는 집중력을 키우는 데 도움이 되지 않아요. 공부 양이 너무 많아도 집중하기 어렵죠. 아이가 공부하는 내용이 아이의 평소 수준에 맞는지 확인하세요

눈높이에 맞는 동기를 주세요

아이는 미래를 예측할 능력이 미숙합니다. 좋은 직장에 취직한다거나 훌륭한 사람이 된다는 것은 너무 멀고 막연한 목표입니다. 당장 오늘 공부의 동기가 되지 못해요. 아이가 집중해서 오늘의 공부를 마치게 하려면 아이의 수준에 맞는 동기부여를 해야 합니다.

그렇다고 보상이 좋은 동기 부여가 되지도 않습니다. 공부를

마치면 게임을 허락해주겠다는 것은 적절한 동기 부여가 아니에요. 아이는 게임을 하고 싶은 욕심에 공부를 대충 서둘러 마치게 됩니다. 돈이나 물질적인 보상도 좋은 동기 부여가 아니에요. 아이는 자신이 당연히 해야 할 공부를 하면서 부모에게 대가를 바라게 됩니다. 공부를 마친 아이에게 충분한 칭찬과 관심을 주세요. 스티커를 모아 아이가 바라는 활동을 같이 해보는 것도 좋습니다.

21

혼자 공부하지 못할 때

혼자서 공부를 한다는 것은 대단히 큰 자기조절능력을 필요로 합니다. 언제, 어디서, 무엇을 얼마만큼, 어떻게 공부할지 계획할 능력이 있어야 합니다. 미루지 않고 공부를 시작하는 실행력도 필요하죠. 게임이나 동영상 등 유혹이나 방해꾼들을 물리치려면 충동억제력도 있어야 하고요. 시간 안에 효율적으로 공부를 마치려면 스스로 공부 방법을 모니터하고 계획을 수정하는 초인지 능력도 필요합니다. 목표한 바를 염두에 두고 딴길로 새지 않으려면 작업기억력도 있어야 합니다.

아이는 계획력, 실행력, 충동조절력, 작업기억력, 초인지 능력

같은 자기조절능력이 미숙합니다. 처음부터 혼자 계획해서 공부를 척척 하는 아이는 당연히 없어요. 차근차근 아이의 능력에 맞춰서 점차 스스로 공부할 수 있도록 훈련이 필요합니다.

✦ 부모의 흔한 실수

막연히 공부하라고 지시하지 마세요

공부를 해본 적 없는 아이는 공부를 하려고 해도 무엇을 어떻게 공부해야 할지 알지 못해요. 공부가 무엇인지, 뭘 어떻게 해야 하는지, 얼마나 해야 하는지, 공부에 대한 계획을 세우는 것 자체가 어렵습니다. 그런 아이에게 무조건 공부를 하라고 하면 아이는 당황만 하게 됩니다.

수준에 맞지 않는 공부를 억지로 시키지 마세요

너무 어려운 내용이나 너무 많은 분량을 공부하게 시키면 아이는 공부에 흥미를 잃습니다. 자기조절능력을 발달시킬 동기가 사라지게 됩니다. 일방적으로 어려운 공부, 많은 공부를 지시하고는 안 했다고 혼만 낸다면 아이는 공부가 괴롭고 재미없습니다. 공부도 결국 스스로 생각하는 힘이 필요해요. 남이 정해준 것만 해서는 성취감도 없죠.

✦ 이렇게 하세요

처음에는 같이 계획을 짜주세요

계획은 공부의 시작입니다. 아이와 함께 앉아 무엇을 언제 어떻게 공부할지 계획을 세우는 연습을 해주세요. "우리 수학이랑 국어를 공부하자. 하루에 수학 문제집은 두 쪽, 얇은 동화책은 한 권 읽는 게 어때?" 이런 식으로요.

아이의 의견을 충분히 반영하세요. 그리고 점차 아이 스스로 계획을 잡을 수 있도록 도와주세요. 작업기억력이 미숙한 아이는 계획을 세워놓고도 잊어버릴 수 있습니다. 계획을 간단히 메모해서 잘 보이는 곳에 붙여놓고 아이가 잊지 않도록 해주세요.

아이의 약점을 보완하는 방법을 찾으세요

혼자 스스로 공부하기 위해 발달해야 할 자기조절능력은 여러 가지입니다. 그런데 이런 능력들이 모두 똑같은 속도로 발달하지는 않아요. 계획은 잘하는데 실행을 잘 못 하는 아이도 있고, 충동조절은 잘하는데 작업기억력이 떨어지는 아이도 있습니다.

아이가 공부하는 모습을 보고 내 아이의 강점과 약점을 파악하세요. 강점은 키우고 약점은 보완해주어야 합니다. 예를 들어, 계획은 잘하는데 실행이 약한 아이라면 알람을 맞춰놓고 시작하게 하고, 작업기억력이 약해서 잘 깜박깜박하는 아이라면 뭘 하려고 했는지 메모를 적어놓게 하는 것이죠.

수준에 맞는 공부를 하도록 해주세요

아이의 자기조절능력이 발달한 수준에 맞춰 공부할 수 있도록 해주세요. 집중력이 약한 아이라면 과제를 더 잘게 나누는 것이 도움이 됩니다. 수학 열 쪽 보다는 수학 다섯 쪽, 국어 다섯 쪽 이런 식으로요.

공부를 마친 아이와 대화하세요

공부를 잘하려면 내가 지금 뭘 하고 있는지, 더 좋은 방법이 있는지 찾아내는 초인지 능력이 중요합니다. 공부를 마친 아이와 오늘 공부한 것에 대해 대화를 나누세요. “오늘 공부 어땠니?” 하면서요. 특히 지루한 것, 어려운 것이 있었는지, 계획한 대로 하기에 어려운 점은 없었는지, 집중을 잘했는지 등에 대해 아이의 생각을 들어보세요. 자신의 공부 방법에 대해 돌아보고 더 좋은 방법이 있는지 고민하는 힘이 자라게 됩니다.

22 학교 가기 싫다고 할 때

아이는 학교에 입학하면서 조금 더 엄격한 규칙을 따르게 됩니다. 등교 시간이 있고 40분 수업과 10분 휴식이 있습니다. 급식시간에 맞추어서 다 같이 식사를 해야 합니다. 정해진 시간까지 학교에 머물다가 하교를 합니다. 아이는 등하교시간, 급식시간, 수업시간 등을 따르면서 점차 시간 개념을 익혀가죠.

자신의 의지와 상관없이 새로운 친구들을 만나면서 다른 사람들과 사이좋게 지내는 법도 알게 됩니다. 차례를 지키고 양보하고 참는 법을 배웁니다. 놀리고 싶어도 상대방이 싫어하면 참을 줄 알아야 하고, 내가 먼저 하고 싶더라도 줄을 서서 기다릴 줄 알아야 합니다. 아이는 참을성, 양보, 배려하는 행동들을 배우면서 사회성도 익히게 됩니다.

아이는 알림장이라는 플래너도 쓰기 시작합니다. 알림장을 쓰며 하루를 마무리하고 내일을 계획합니다. 집에 돌아오면 알림장을 보고 숙제와 준비물을 챙깁니다.

아이에게 학교는 새로운 도전입니다

아이는 초등학교 생활을 시작하면서 많은 것들이 불안할 수 있습니다. 수줍은 아이는 낯선 아이들과 어울리는 것도 힘들 수 있습니다. 선생님에게 지적받는 것이 무섭고 겁이 날 수도 있습니다. 불안을 통제하고 안 해봤던 것들을 해내는 용기가 성공적인 학교 적응을 위해 필요하죠.

아이들은 초등학교에서 본격적으로 자기를 관리하는 능력을 키워갑니다. 초등학교 생활에 잘 적응하려면 시간개념이 있어야 하고, 내일을 예측하고 계획하고 준비하는 능력도 있어야 합니다. 기다리고 배려하고 양보하는 능력이 있어야 다른 아이들과 잘 어울릴 수 있어요. 초등학교에 적응하는 과정은 아이에게 커다란 도전인 동시에 자기조절능력을 키울 좋은 기회입니다.

학교생활을 성장의 기회로 삼아야 하는 이유

학교생활은 성장의 기회가 되지만 반대로 커다란 위기가 될 수도 있어요. 시간 개념이 없어서 지각과 조퇴를 반복하고 다음 수업이 시작되었는데도 계속 돌아다니는 아이, 숙제나 준비물을 제대로 챙기지 못해 선생님에게 늘 지적받는 아이, 차례를 안 지키고 양보할 줄 모르는 아이, 그래서 다른 아이들과 다툼이 잦고 따돌림을 당하는 아이를 생각해보세요. 한마디로 자기조절 능력이 없는 아이들은 학교에 적응하기 어렵습니다. 학교가 재미없어지지요. 학교 가기 싫다는 말을 하게 됩니다.

학교에 적응하면 아이는 또 한 번 커다란 성장을 이룹니다. 그러니 아이가 학교에 잘 적응하도록, 그러면서 자신을 관리하고 조절하는 능력이 잘 자라도록 도와줘야 합니다.

✦ 부모의 흔한 실수

대책 없이 학교를 쉬라고 하지 마세요

아이가 학교에 가기 싫다는 것은 뭔가 어려운 대상이 있다는 의미입니다. 앞에서 말한 것처럼 학교 적응을 위해서 필요한 자기조절능력이 아직 미숙하기 때문이죠. 학교를 쉰다고 해서 없었던 자기조절능력이 생기고 문제가 사라지는 것이 아닙니다. 다음에 다시 학교에 갔을 때 더 적응하기 어려워질 가능성이 커요. 대책 없이 학교를 안 보내는 것은 아이가 자기조절능력을 키울 기회마저 없애는 것입니다.

혼내거나 야단치지 마세요

혼낸다고 해서 없던 자기조절능력이 갑자기 생기지 않습니다. 아이가 학교에 가기 싫다고 해도 혼내지 마세요. 알림장을 못 써 왔다 해도, 학교 친구와 다툼이 있었다 해도 야단치지 마세요. 아이는 아직 방법을 모릅니다. 혼자서 할 수 없는 게 많습니다. 무조건 혼내는 것은 아무런 도움이 되지 않습니다.

아이 혼자 하도록 내버려두지 마세요

아이는 아직 혼자서 할 능력이 안 됩니다. 처음부터 혼자서 자기조절능력을 발휘할 수는 없습니다. 부모의 도움을 받아서 조금씩 자라나야 할 부분입니다. 그러니 독립심을 키운다며 무리하게 아이 혼자서 하도록 요구하지 마세요.

✦ 이렇게 하세요

학교 가기 싫은 원인을 찾아보세요

아이에게 왜 학교에 가기 싫은지 물어보세요. 아이가 말을 하면 경청하고 공감한 후에 해결책을 함께 찾아보세요. 때로는 아이 자신도 학교에 가기 싫은 이유를 꼭 집어 말하지 못할 수도 있습니다. 그럴 때는 아이의 학교 생활을 파악해서 원인을 찾아내야 합니다. 먼저 아이의 학교 생활을 잘 살펴보세요. 일정표가 어떻게 짜여 있는지, 아이가 좋아하는 활동, 반대로 싫어하는 활동이 무엇인지, 담임선생님과 친구들과의 관계가 어떤지도 알아두세요. 아이가 학교 생활과 관련해서 특히 부족한 능력, 더 갖추어야 할 능력들이 무엇인지 파악해보세요.

원인별 해결책을 마련하세요

원인을 파악했다면 아이가 부족한 부분을 중점적으로 키워주고 그 능력이 클 때까지 특히 신경 써서 다방면으로 도와주세요. 예를 들어, 수업 준비를 잘 못 하면 부모가 알림장을 보고 더 꼼꼼하게 숙제와 준비물 등을 챙겨줄 수도 있습니다. 또는 교과과정을 보고 미리 관련 내용을 책으로 접할 수 있고요, 수업 준비를 도울 수 있을 만한 친구 옆에 앉도록 담임 선생님에게 부탁할 수도 있습니다.

아이에게 집중해보세요

아이가 무엇을 어려워하고 무엇을 스스로 할 수 있는지 파악해서 아이가 준비된 정도에 맞춰 도와주세요. 아이를 파악하려면 조금 더 집중해서 관찰해야 합니다. 바쁜 아침시간, 부모도 서두르다 보니 의도치 않게 아이에게 소리만 지르게 되는 경우가 많아요. "빨리 밥 먹고 양치하고 옷 입으란 말이야" 이런 식의 지시가 아이에게는 너무 어렵습니다. 아이가 하나씩 차근차근 해낼 수 있도록 아이에게 집중해서 도와주세요. 저녁 시간에 알림장을 보고 숙제와 준비물을 준비할 때도 마찬가지예요. 아이를 잘 지켜보면 스스로 할 수 있는 부분과 도움이 필요한 부분을 알 수 있습니다. 도움이 필요한 부분을 보완해주면서 아이가 조금씩 더 많은 것을 스스로 할 수 있도록 조절해주세요.

불안을 줄여주세요

학교를 무서워하거나 불안해하면 불안을 줄일 수 있는 방법을 찾아보세요. 등하교를 함께해줄 수도 있고, 쉬는 시간에 부모에게 전화하도록 할 수도 있습니다. 손가락 인형을 가지고 역할극을 하면서 학교나 친구에 대한 불안을 극복하는 연습을 할 수도 있습니다.

23 공부에 집중 못 하고 산만할 때

부모가 보기에 아이는 참 산만합니다. 책상을 정리하라고 하면 정리하다 말고 색연필로 그림을 그리며 놀고 있습니다. 수학 문제를 풀다가도 눈앞에 조립 장난감이 보이면 어느새 만지작거립니다. 아이는 신기한 것이 많습니다. 다양한 것에 관심을 보이죠. 부모에게는 시시하고 별거 아닌 것도 아이에게는 흥밋거리입니다.

아이가 이것저것 가지고 재미있게 놀다 보면 여러 가지 능력이 발달합니다. 한 가지 단순한 놀이만 반복하는 아이보다는 다양한 놀이를 경험하는 아이가 더 건강합니다. 산만함은 곧 다양함입니다. 산만함을 다 고쳐야 할 필요는 없어요. 항상 뭔가에 집중할 필요도 없습니다. 다만 집중이 필요할 때 집중할 수 있는 능이 중요한 것이지요.

집중력을 키워가야 하는 이유

집중력을 키워야 하는 이유는 단순히 공부머리를 키우기 위한 것이 아닙니다. 아이는 놀면서 많은 것을 배웁니다. 충분히 잘 놀기 위해서도 집중력은 필요합니다. 5분 사이에 열 가지쯤 놀이가 바뀌는 아이라면 놀이를 통해 뇌발달을 하기 어렵습니다. 놀면서 배우든 공부하며 배우든 집중력은 필요합니다. 집중력이 자라면서 다른 능력도 함께 자랍니다.

집중력은 크게 두 가지로 나눌 수 있습니다. 흥미에 의한 집중과 노력에 의한 집중이죠. 재미있는 것에는 누구나 쉽게 집중을 합니다. 아이가 놀 때 가만히 관찰해보세요. 아무리 산만한 아이라도 자신이 좋아하는 것, 재미있는 것에는 오랫동안 집중할 수 있습니다.

그러나 노력에 의한 집중은 달라요. 하기 싫더라도, 재미가 없더라도 마음먹고 해야 하는 집중은 누구라도 쉽지 않은 일입니다. 의지가 약한 아이는 더하죠. 재미없는 것에 집중하려면 많은 훈련이 필요합니다. 특히 전두엽이 발달할수록 하고 싶은 것, 놀고 싶은 것을 참으며 해야 할 일에 집중하는 능력이 더 성장합니다.

집중을 잘 못 하는 아이라면 먼저 재미있는 것에 조금 더 오래 집중하도록 도와주고, 점차 노력에 의한 집중도 더 잘할 수 있도록 도와줘야 합니다.

✦ 부모의 흔한 실수

아이의 집중력을 어른과 비교하지 마세요

아이의 뇌는 미숙합니다. 당연히 어른과 비교해서 집중력이 짧아요. 더구나 재미없는 것을 하라고 할 때는 오래 집중하지 못합니다. 어른과 비교해서 산만하다고 단정짓지 마세요.

집중을 못한다고 야단치지 마세요

야단을 치면 아이는 불안해집니다. 불안하면 더 집중을 못하죠. 실컷 혼을 내고 나면 아이는 혼이 났다는 것은 기억하는데 왜 혼이 났는지 기억하지 못하는 경우가 많습니다. 혼이 나면서 배운 것은 기억도 잘 안 납니다. 재미있게 배운 것이 더 잘 기억나죠. 게다가 스트레스 호르몬은 아이의 전두엽 발달을 방해합니다. 집중을 못한다고 야단을 치면 이중, 삼중으로 아이의 발달을 방해하는 것입니다.

✦ 이렇게 하세요

또래와 비교해보세요

아이의 집중력을 어른의 집중력과 비교하면 당연히 아이가 산만해 보입니다. 그러니 또래 아이들과 비교해보세요. 다른 아이들의 집중력도 고만고만하다면 내 아이가 유달리 산만한 것이 아니라 그 또래 아이들의 집중력이 그 정도인 겁니다.

다양한 상황에서 관찰하세요

색칠놀이를 좋아하는 아이는 색칠놀이를 할 때 집중을 잘합니다. 그러나 그 아이가 공놀이를 싫어한다면 공놀이에는 금방 싫증을 내죠. 공놀이를 할 때는 산만해 보이지만 색칠놀이를 할 때는 집중을 잘하는 것처럼 보일 수 있어요. 이렇게 아이의 성향이나 개성, 흥미에 따라 집중을 잘하는 상황이 있고 그렇지 않은 상황이 있습니다. 다양한 상황에서 아이를 관찰해보면 늘 산만한지, 아니면 특정한 상황에서 집중이 어려운지를 알 수 있습니다.

환경을 조정해보세요

아이의 집중력은 상황에 따라 달라집니다. 집중력이 좋은 아이라고 해도 산만한 환경이라면 집중하기 어렵습니다. 아이의 방을 포함해서 집이 너무 산만한 것은 아닌지 확인해보세요. 아이의 방 안에 쓸데없는 잡동사니들이 너무 많아서 어른조차 정신이 없을 때가 있습니다. 가지고 놀지 않는 장난감, 읽지 않는 책들, 입지 않는 옷들은 모두 정리해서 버려주세요.

주변의 소음도 정리해주세요. 어른들은 큰 소리로 TV를 보면서 아이에게는 공부하라고 하지 마세요. 자극이 적을수록 집중하기 좋습니다. 아이가 집중력을 키울 수 있도록 환경을 조정해주세요.

어제의 아이와 비교해서 칭찬해주세요.

어제 5분 동안 책을 읽었던 아이가 오늘은 6분 읽었다면 "어제보다 더 집중을 잘했네" 이런 식으로 칭찬해주세요. 다른 아이와 비교하는 것은 아무런 도움이 되지 않아요. 어제보다 더 집중을 했다면 그만큼 아이의 집중력이 자라난 것입니다.

24

짝을 바꿔 달라고 조를 때

아이가 어릴수록 혼자서는 할 수 없는 것들이 많습니다. 갓 태어난 아기는 추워도 스스로 옷을 찾아 입을 수도 없고 배가 고파도 알아서 챙겨 먹지 못합니다. 괴로운 일이 있으면 울거나 찡찡거리며 '내가 불편하다'고 신호를 보낼 뿐이죠. 그러면 부모가 나서서 문제를 해결해줍니다. 아이가 원하는 대로 환경을, 맞춰줍니다. 아이가 추우면 옷을 입히고, 아이가 배가 고프면 먹을 것을 줍니다. 아이는 부모와 세상에 대한 믿음이 쌓입니다. 정서적으로 안정된 행복한 아이로 큽니다.

하지만 아이가 울고 보채고 조른다고 다 해주는 것이 맞을까요? 언제까지 이렇게 부모가 다 해줄 수 있을까요? 아이가 원한다면 하늘의 별이라도 따다 주고 싶은 게 부모 마음입니다. 그러나 하늘의 별을 따다 주실 수 있나요? 아이가 클수록 부모가 해줄 수 없는 것들이 생깁니다.

결국 아이 혼자서 문제를 해결하고 적응해야 할 날들이 옵니다. 스스로 자신을 조절하고 갈등을 해결하는 능력이 없다면 아이에게 커다란 위기가 찾아오게 됩니다.

—— 언젠가는 자신이 적응해야 한다는 것을 배워야 합니다

아이에게 위기가 닥치면 부모는 당연히 아이를 구하고 싶습니다. 아이의 짝이 괴롭히면 먼저 내 아이를 보호하고 싶습니다. 담임 선생님에게 부탁해서 짝을 바꿔달라고 할 수 있습니다. '아이가 기죽지 않도록 보호해주는 게 당연하지, 뭐가 문제인가?'라고 생각할 수도 있습니다.

아이는 다른 아이들과 어울리며 많은 것들을 배웁니다. 같이 사이좋게 노는 법도 배우지만 갈등 상황이 생겼을 때 조정하는 법도 배우게 됩니다. 아이는 아직 다른 사람과 갈등을 조정하고 잘 지내는 방법을 몰라요. 하루 종일 옆 자리에 앉은 짝과 마음이 안 맞을 수도 있어요. 짝이 싫으면 무조건 불평을 하고 짝을 바꿔달라고 하기도 합니다.

위기는 곧 기회라고 했습니다. 짝과 잘 지내는 법을 배우며 아이는 갈등 상황에서 자신을 조절하는 법을 배울 수 있습니다. 아이에게 적응능력이 없다면 짝을 바꿔줘야 합니다. 그러나 적응능력을 키워주고 싶다면 짝과 잘 지내는 법을 새로이 배워가도록 도와주는 것이 좋습니다.

✦ 부모의 흔한 실수

아이의 말을 무시하지 마세요

아이가 짝 때문에 힘들다고 불평할 때 그냥 넘기지 마세요. 아이는 자신의 괴로움을 무심하게 넘기는 부모의 태도를 보며 좌절할 수 있습니다. 부모가 자신에게 관심이 없다거나 자신이 대단하지 않다고 스스로 비하할 수도 있고요.

아이를 비난하지 마세요

짝에 대해 불평할 때 "네가 이기적으로 구니까 그렇지."라는 식으로 무조건 아이를 비난하지 마세요. 아이는 자신을 이해해주지 않는 부모를 원망할 수 있습니다. 부모에게 이야기해도 아무 도움이 안 될 뿐 아니라 혼만 난다고 생각해서 이후로 어려움이 있어도 입을 다물 수 있습니다. 게다가 비난만으로는 아이의 자기조절능력, 갈등조절능력을 키워줄 수 없습니다.

무조건 짝을 바꿔주지 마세요

아이가 불평을 하자마자 학교로 달려가서 담임선생님에게 짝을 바꿔달라도 하는 것은 옳지 않습니다. 아이는 짝과의 갈등을 통해 자기조절능력을 키워갈 기회를 잃고 맙니다.

✦ 이렇게 하세요

먼저 아이의 이야기를 경청하고 공감해주세요

아이가 짝에 대해 불평한다면 먼저 귀 기울여 들어주세요. 잘 들어주는 것만으로도 아이는 부모가 나에게 관심이 있다는 것을 알고 부모가 내 편이라는 든든한 마음이 생깁니다. 섣부르게 해결책을 제시하는 것보다는 공감이 우선이에요. "정말 힘들었겠다"라고 먼저 아이의 괴로움에 충분히 공감해주세요.

짝에 대해 파악해보세요

아이의 말을 충분히 들어보고 담임 선생님, 같은 반의 다른 아이들, 학부모들로부터 정보를 구하세요. 그렇게 해서 짝에 대해 파악해보세요. 짝이 어떤 아이인지, 내 아이만 괴롭히는 것인지, 다른 아이에게도 그러는지, 내 아이와 어떤 일로 자꾸 다투게 되는지 등 최대한 객관적인 정보를 알아보세요.

짝과 잘 지낼 기회를 만들어보세요

짝에 대해, 짝과 아이의 관계에 대해 충분히 파악되었다면 구체적인 해결책을 아이에게 제시해보세요. 짝이 자꾸 놀릴 때, 허락 없이 내 물건을 가져갈 때 등 다양한 상황에서 어떻게 대처해야 하는지 이야기를 나눠보세요. 때로는 역할극을 하며 대처 방법을 연습해볼 수도 있습니다.

짝을 바꾸는 것이 실패는 아닙니다.

짝이 심하게 폭력적이라든가 감당하기 힘들 정도로 괴롭힌다면 짝을 바꾸는 것도 방법입니다. 아직 준비가 안 된 아이에게 무리한 적응을 요구하지 마세요. 이번에 짝을 바꾼다고 해서 아이가 적응에 실패했다고 낙담하고 걱정할 필요는 없습니다. 아이에게는 아직 배울 기회가 많습니다. 다음에 다른 짝과 비슷한 문제가 생겼을 때는 아이가 더 자라서 적응능력이 더 커져 있을 거예요. 그때 다시 갈등을 해결하는 방법을 배우면 됩니다. 아이가 준비된 만큼, 아이의 눈높이에 맞춰서 적응능력을 키워주는 것, 그것이 좋은 부모의 역할입니다.

25

밥을 해 놨는데 치킨 먹는다고 할 때

자신이 먹고 싶은 것을 먹고 싶을 때 먹고 싶은 만큼 먹을 수 있다는 것은 행복한 일이죠. 우유나 젖을 먹으면서 신생아는 먹여주는 사람과 강한 유대감을 형성합니다. 먹는 행동은 생존과 성장을 위한 것일 뿐 아니라 부모와 애착을 형성하는 건강하고 행복한 일입니다. 조금 더 커서 이유식을 하고 더 다양한 음식을 먹게 되면 아이는 손으로 주물럭거리며 먹기도 하고, 쓸 줄도 모르는 포크를 고집스레 쓰다가 사방에 음식을 흘려서 난장판이 되기도 합니다. 어떻게 먹을지 결정하고 실험하면서 아이의 자율성이 커갑니다. 유아기 때 아이가 먹는 행동은 상당히 본능적입니다.

다른 사람에 대한 배려나 예의는 아직 없습니다.

아이가 어린이집이나 유치원, 학교에 가서 간식이나 급식을 먹게 되면 더 이상 본능대로 음식을 먹을 수 없습니다. 아이는 정해진 시간에 정해진 음식을 정해진 방법에 따라 먹어야 한다는 것을 배우게 되죠. 먹으면서 해도 되는 행동과 해서는 안 되는 행동이 있다는 것도 알게 되고요. 그러면서 점차 자기조절능력을 키웁니다.

어울려 먹는 식사시간을 통해 자기조절능력을 키워주세요

먹는 것에 대한 자기조절능력이 없으면 단체생활을 하며 아이에게 위기가 찾아와요. 먹기 싫다고 안 먹으면 굶어야 하고 손으로 음식을 먹으면 놀림을 받게 됩니다. 사방에 음식을 흘리거나 너무 늦게 먹어도 문제가 됩니다.

아이가 먹고 싶다면 다 먹이고 싶은 게 부모 마음입니다. 그러나 먹고 싶다는 것을 마냥 먹이는 것이 꼭 아이에게 좋을까요? 먹고 싶은 것만 먹겠다고 우기는 아이는 아직 자기조절능력이 부족한 것입니다. 식사에도 자기조절능력은 필요해요. 어울려 먹는 식사시간을 통해 아이의 자기조절능력을 키워주세요.

✦ 부모의 흔한 실수

지나치게 부모 위주의 식사를 하지 마세요

시간도 메뉴도 부모 마음대로만 하지 마세요. 아무 때나 "밥 먹자" 하고 외치면서 한창 놀고 있던 아이에게 왜 빨리 안 오느냐고 채근하면 아이는 식사시간을 예측해서 시간을 조절하는 능력을 키우기 어렵습니다.

충동적으로 메뉴를 선정하지 마세요

부모 중 한쪽이 열심히 저녁을 준비했는데 다른 한쪽이 먹기 싫다며 따로 시켜먹겠다고 하면 아이가 무엇을 보고 배울까요? 식사를 준비한 사람의 정성을 생각하고 존중하는 모범을 보이면 아이도 배려심을 키우게 됩니다.

✦ 이렇게 하세요

아이와 함께 메뉴를 짜세요

부모가 혼자서 식사 메뉴를 다 결정하면 아이는 자신의 의견이 반영되지 않았다고 불만을 가질 수 있습니다. 아이가 치킨을 좋아한다면 치킨 먹는 날을 아이와 의논해서 미리 정해보세요.

아이는 자신의 의견이 존중받는 느낌이 들어 자존감이 올라갑니다.

식사에 대한 가족 규칙을 미리 만드세요

밥상머리 교육이라고 하면 흔히 아이들과 같이 밥을 먹는데 부모가 잔소리를 하는 까칠한 장면을 떠올리죠. 그러나 진정한 밥상머리 교육은 가족이 함께 식사하는 틀을 정하고 그 틀을 지키기 위해 서로 배려하는 과정에서 나옵니다. 예를 들어, 정해진 가족 식사시간에 맞춰서 하던 일을 마무리하며 아이의 자기조절능력이 자랍니다.

식사를 준비하는 과정에 아이를 참여시키는 것도 좋아요. 아이에게 수저 담당이나 물 담당을 맡겨보세요. 꾸준히 요청하고 잘했을 때 칭찬해주면 아이는 놀다가도 식사시간에 맞춰서 자신의 일을 챙기게 됩니다. 자제력, 책임감, 계획과 실행력도 키우게 됩니다.

일관성 있게 가족 규칙을 지키세요

일단 가족 규칙이 만들어졌다면 가급적 지키는 것이 좋습니다. 부모의 기분에 따라 식사시간이나 메뉴를 마음대로 바꾼다면 아이도 곧 따라 하게 됩니다. 되도록 약속한 시간과 장소, 역할 등에 대해 일관성을 유지하고, 아이가 규칙을 잘 지켰을 때는 칭찬해주세요.

약속을 잘 지켜주세요

아이가 당장 치킨이 먹고 싶다고 하면 오늘은 밥을 다 해놓았으니 다음에 치킨 먹는 날을 같이 정하자고 하세요. 이렇게 한 다음에는 약속을 잘 지켜야 합니다. 처음에는 강하게 저항하던 아이도 부모가 약속을 잘 지키면 점차 충동적으로 다른 것을 먹겠다고 조르는 일이 줄어듭니다.

26

비싼 브랜드 옷을 사달라고 할 때

부모와 마트에 간 아이가 장난감을 사달라고 조릅니다. 부모는 어제도 사줬으니 오늘은 안 된다고 말합니다. 아이가 수긍하면 다행이지만 부모의 기대와 달리 아이는 막무가내로 떼를 쓰며 울면서 바닥에 누워버립니다. 참 난감하죠.

정도의 차이야 있겠지만 아이를 키우는 부모라면 누구나 한 번쯤 겪어봤을 상황이에요. 사주어야 하나, 말아야 하나? 이번에는 사준다 해도 다음에 또 그러면 어떻게 하나? 부모의 마음은 복잡합니다.

아이가 자라는 만큼 아이의 욕망도 커집니다. 아이가 클수록 바라는 것의 액수가 커집니다. 결국 부모가 감당하기 어려운 수준이 됩니다.

아이가 바라는 사항이 많아지는 것은 성장의 일부입니다. 그것 자체가 문제가 되는 것은 아니에요. 문제가 되는 것은, 커지는 욕망을 다스리는 자기조절능력이 함께 크지 못할 때입니다.

욕망을 다스릴 능력을 키워줘야 하는 이유

아이가 어릴 때는 소원도 대체로 소박합니다. 동네 문방구나 마트에서 파는 천 원짜리 작은 장난감이나 소소한 간식거리는 큰 고민 없이 사줄 수 있습니다. 그러나 아이가 100만 원이 넘는 장난감이나 핸드폰, 브랜드 옷을 원한다면 어떻게 해야 할까요?

자신이 어릴 때 너무 가난하게 살아서 좌절감을 느낀 적이 많았다는 부모가 있었습니다. 그래서 내 아이는 그런 괴로움을 모르고 살았으면 좋겠다고, 되도록 아이가 원하는 것은 다 해주려고 했다고 했습니다. 그렇게 자란 아이는 자기조절능력이 없었습니다. 비싼 장난감, 디지털 기기, 브랜드 옷 등이 탐이 나는데 수중에 돈이 없으면 돈을 빌리거나 물건을 훔쳐서라도 원하는 것을 가지려고 했습니다.

또 다른 부모는 아이에게 참을성을 가르쳐야 한다면서 천 원짜리 한 장 쓰는 것도 부모가 일일이 결정해주었습니다. 아이 마음대로 돈을 쓰면 사정없이 혼을 냈습니다. 그렇게 자란 아이는 다른 아이들이라면 쉽게 결정할 것도 혼자서는 결정하지 못하고 부모에게 일일이 물어봐야 하는 소심한 아이가 되었습니다.

아이의 욕망이 커지는 만큼 자기조절능력도 함께 키워줘야 해요. 그렇지 않으면 아이는 더 큰 위기에 빠질 수 있습니다. 정말 아이를 사랑하고 아낀다면 아이가 욕망을 스스로 통제할 수 있도록 자기조절능력을 키워주세요.

✦ 부모의 흔한 실수

아이가 원하는 것을 다 들어줄 필요는 없습니다

원하는 족족 부모가 사준다면 아이는 부족함을 못 느끼며 크겠죠. 당장은 좋을지 모르지만 아이가 더 크면 많은 문제가 생깁니다. 아무리 능력 있는 부모라고 해도 아이가 원하는 것을 완벽하게 다 해줄 수는 없어요. 스스로 조절하는 능력이 없다면 결국 아이는 커다란 어려움을 겪게 됩니다.

사소한 것까지 결정해주지 마세요

아이가 원하는 사소한 것까지 통제하려고 하지 마세요. 아이에게 필요한 것은 스스로 조절하는 능력입니다. 아이가 직접 결정하고 그 결정에 대해 책임을 지는 기회를 마련해주어야 합니다.

✦ 이렇게 하세요

아이 스스로 지출을 결정하고 책임지도록 도와주세요

적은 액수의 돈부터 아이가 관리하도록 시작해보세요. 용돈의 액수는 아이의 연령이나 가정형편 등에 따라 차이가 있을 수 있습니다. 용돈의 액수를 정하기 어렵다면 2주간 아이를 위해 지출한 돈을 기록해보세요. 간식이나 소소한 장난감 등을 사달라고 해서 쓴 돈을 계산해보세요. 그 돈을 매일 나누어주세요. 예를 들어, 아이가 2주 동안 1만 4천 원을 썼다면 매일 천 원씩 주는 겁니다. 그것으로 아이에게 원하는 곳에 쓰라고 합니다.

아이는 처음에는 신이 나서 돈을 다 써버릴 수도 있습니다. 그러다 천 원을 주고 산 장난감이 금방 싫증이 나거나 고장이 나면 돈을 괜히 썼다고 후회하겠죠. 그럴 때 "그 장난감 안 샀으면 더 좋은 걸 살 수 있었겠다. 다음부터는 장난감 살 때 한 번 더 생각해보고 사는 게 어떨까?" 하고 아이와 이야기를 해보세요. 이런 일을 반복하다 보면 아이는 스스로 결정해서 돈을 쓰고, 그 경험을 통해 참을성과 규모 있게 돈을 쓰는 방법을 배우게 됩니다.

비싼 물건은 용돈을 모아서 사도록 해 주세요

비싼데 꼭 필요하지는 않은 것을 아이가 원할 때가 있습니다. 그럴 때는 용돈을 모아서 사라고 말해주세요. 하루하루 받는 적은 용돈을 모아서는 도저히 살 수 없을 만큼 비싼 물건일 수도 있습니다. 평소 모으는 용돈에다 명절, 어린이날, 생일 등에 어른들로부터 받는 돈을 더해서 사도록 하면 됩니다. 아이도 어렵게 모은 돈은 다시 한 번 생각하고 쓸 거예요. 그러면서 절제하는 능력, 가성비를 따지는 능력이 자랍니다. 게다가 돈을 모아서 마침내 원하는 물건을 사면 상당한 성취감도 느끼게 됩니다.

아이가 용돈을 규모 있게 사용한다면 용돈을 올려도 좋습니다

돈이 생길 때마다 다 써버리는 아이는 용돈을 올려주어도 늘 돈이 부족하기 쉬워요. 반대로 용돈을 모아서 원하는 것을 살 수 있는 아이라면 용돈을 올려주거나 주급으로 바꾸어주어도 좋습니다. 아이는 더 큰 돈을 관리하고 자신의 욕망을 스스로 다스리는 자기조절능력을 키울 수 있습니다.

27

남의 것을 훔쳤다면

어린아이는 나의 것과 남의 것을 구별하지 못해서 남의 것을 그냥 집에 가져오기도 합니다. 그러나 초등학생은 나의 것과 남의 것을 구별할 수 있고, 남의 것을 훔치는 행동이 옳지 않다는 사실을 알고 있습니다. 그럼에도 불구하고 남의 것을 훔친다면 이유가 뭘까요?

애정결핍이나 정서불안 때문에, 한마디로 마음이 허해서 훔칠 수도 있습니다. 자존감이 낮아서 혼나지 않으면 그만이라는 생각으로 훔치는 경우도 있습니다. 좋은 방법으로는 어른의 관심을 끌 수 없다는 생각에 물건을 훔치는 것으로 관심을 유도하는 경우도 있습니다. 당장 눈앞의 유혹을 못 이겨서 충동적으로 훔치기도 합니다. 훔치는 것 말고는 그 물건을 가질 방법이 없기 때문에 훔치는 경우도 있고요. 어떤 이유든 간에 빨리 고쳐주어야죠.

즉시 철저하게 개입해서 더 이상 훔치지 않도록 해야 합니다

아이들은 참을성이 없고 자신의 행동이 어떤 결과를 낳을지 예측력이 떨어지기 때문에 충동적으로 물건을 훔칠 수 있어요. 작은 물건을 훔친 아이들이 모두 커서 소도둑이 되는 것은 아니에요. 대부분은 어릴 때 한두 번 있었던 해프닝으로 끝납니다. 그러나 해프닝으로 끝내기 위해서는 어른의 즉각적이고 철저한 개입이 꼭 필요합니다. 더 이상 훔치지 않도록 아이의 자기조절능력을 키워줘야 합니다.

✦ 부모의 흔한 실수

불쌍하다고 눈감아주면 안 됩니다

아이가 애정결핍이나 정서불안 때문에 물건을 훔친 경우, 부모는 미안한 마음이나 연민 때문에 유야무야 넘어가고 싶습니다. 그러나 그렇게 하면 아이는 다음에도 마음이 힘들 때는 물건을 훔쳐도 괜찮다는 것으로 잘못 이해하게 돼요. 아이가 안쓰럽다고 해도 훔친 행동 자체는 잘못된 거라고 꼭 짚고 넘어가야 합니다.

✦ 이렇게 하세요

즉시 아이가 책임지도록 해주세요

아이가 훔친 물건을 주인에게 돌려주고 사과하도록 해주세요. 정당하지 못한 방법으로 물건을 갖게 되면 결국 자신이 힘든 상황이 된다는 것을 확실하게 깨닫게 해줘야 합니다. 그래야 다음에 갖고 싶은 물건이 있어도 훔쳐보았자 좋은 일이 없었다는 것을 기억하고 자제할 수 있습니다.

결과를 예측하게 해주세요

물건을 훔쳐서 생긴 결과에 대해 아이와 이야기를 나누세요. 물건을 잃어버린 사람은 속이 상하겠죠. 친구들은 물건을 훔친 아이와 어울리기를 꺼려하고요. 다음에 누군가의 물건이 없어지면 가장 먼저 의심받게 되어 억울한 상황이 생길 수도 있습니다. 아이는 자신의 행동이 낳을 결과들을 예측하면서 현재의 충동을 조절하는 힘을 키우게 됩니다.

모범을 보여주세요

아이는 부모가 하는 말보다 행동을 더 잘 배웁니다. 부모가 하는 정직하지 못한 행동을 금방 따라 하죠. 남의 물건이라면 볼펜 한 자루라도 되돌려주는 것을 생활화하세요. 아이도 정직함을 배우게 됩니다.

원하는 물건을 얻는 옳은 방법을 알려주세요

훔치는 것 말고는 물건을 가질 방법이 없다면 아이는 유혹을 이기기 어렵습니다. 정당한 방법이 있다는 사실을 가르쳐주세요. 용돈을 모아 사는 방법, 생일이나 어린이날 선물로 받는 방법, 물물 교환이나 중고거래로 얻는 방법을 활용하게 해주세요.

아이의 자존감을 키워주세요

혼나기만 하는 아이는 자존감이 낮아요. 자존감은 행동의 기준이 됩니다. 칭찬을 받던 아이는 또 칭찬받기를 기대하며 바른 행동을 하려 하지만 늘 혼났던 아이는 들키지만 않는다면 나쁜 행동을 해도 괜찮다고 생각합니다. 높은 자존감은 아이가 안 좋은 길로 빠지는 것을 막아줍니다. 평소 아이에게 관심을 가지고 많은 칭찬을 해주세요.

28

친구에게 휘둘릴 때

친구에게 휘둘리는 아이들을 자세히 살펴보면 크게 세 타입이 있어요. 먼저, 친구의 요구를 싫다고 했을 때 친구가 안 놀아주면 어쩌나 하는 두려움, 거절에 대한 불안 때문에 휘둘리는 아이들입니다. 이런 아이들은 자존감도 낮은 경우가 많습니다. 두 번째는 의사 표현에 서툰 아이들입니다. 특히 외동인 아이들 중에 다른 아이들과 갈등이 있을 때 적응력이 떨어지는 경우가 있습니다. 싫다고 말은 하는데 웃으면서 이야기하니 상대는 이 아이가 정말 싫어하는 것은 아니라고 받아들여요. 세 번째는 유혹에 약한 아이들입니다. 숙제하다 말고 친구가 놀자고 하면 따라

나섭니다. 친구가 같이 게임을 하자고 하면 바로 접속을 합니다. 자신이 하려던 일, 해야 할 일을 잊고 친구 따라 강남 가는 유형이죠.

친구가 하자는 대로, 시키는 대로 휘둘리는 아이를 보면 부모는 안타깝습니다. 친구가 무리한 요구를 하면 대차게 싫다고 거절하고 당당하게 자기주장을 하면 좋겠는데 그러지 못하니 답답하기만 합니다.

—— 휘둘리지 않으려면 자기조절능력이 있어야 합니다

아이는 아직 두려움이나 불안을 다스리는 방법을 잘 모릅니다. 또 정확하게 자기주장을 펼치는 방법에도 미숙해요. 유혹에 흔들리지 않고 자기 일에 집중하는 힘도 부족하고요. 앞에서 말한 세 유형 모두 자신의 감정이나 행동을 목표에 맞게 설정하고 실행하는 자기조절능력이 부족한 아이들입니다. 자기조절능력을 키워야 똑부러지게 자기주장을 하고 자신이 정한 목표를 향해 흔들리지 않고 밀고나갈 수 있습니다.

✦ 부모의 흔한 실수

섣부르게 부모가 직접 개입하지 마세요

아이가 휘둘리는 모습을 보면 부모는 속이 상한 나머지 그 친구와 놀지 말라거나 담임 선생님에게 곧장 달려가서 그 친구와 떨어뜨려달라는 등 직접 개입하는 경우가 있습니다. 아이가 위험에 처하거나 심각한 상황이면 그래야 할 수도 있지만 그렇지 않다면 일단 아이를 통해 문제를 해결해야 합니다. 아이가 자기 조절능력을 키워서 스스로 해결하고 벗어나도록 해주세요.

아이에게 화내지 마세요

"너는 왜 맨날 휘둘리니?" "너는 왜 싫다고 못 해?" 이렇게 아이를 비난하는 것은 아무런 도움이 되지 않습니다. 아이도 방법을 모르기 때문에 그러는 겁니다. 아이 스스로 이겨내도록 힘을 키워주세요.

✦ 이렇게 하세요

거절해도 좋다고 알려주세요

자존감이 낮은 아이는 거절했다가 상대가 나를 싫어하면 어쩌나 하는 두려움이 있습니다. "너는 이미 좋은 아이야" "너는 사랑받고 존중받을 가치가 있어"라는 것을 표현해주세요. 평소 아이에게 애정과 관심을 보여주세요. 자존감이 높은 아이는 부당한 대우를 받으면 쉽게 "아니"라고 말할 수 있습니다.

구체적으로 알려주세요

싫다는 뜻을 정확하게 전하는 것에 서툰 아이들이 의외로 많아요. "싫으면 싫다고 해" 이렇게 말로만 이야기하는 것보다는 구체적으로 표현하는 법을 알려주고 연습을 시키는 것이 좋습니다. 예를 들어, 아이와 함께 거울 앞에 서서 "나 지금 기분 나빠!"처럼 싫다고 말할 때의 표정과 어투를 연습해보는 거죠.

유혹을 견디도록 도와주세요

아이가 목표를 향해 나아가고 있다면 칭찬의 말을 건네주세요. "숙제를 열심히 하는구나" "숙제하느라 지현이가 불러도 안 나가고 있네" 하면서 토닥여주세요. 숙제를 다 마치면 나가 놀게 하거나 아이가 좋아하는 간식을 건네는 식으로 상을 줄 수도 있습니다. 충동조절력을 키우고 유혹을 이기려면 부모의 지속적인 관심과 인정이 필요합니다.

29

아이가 욕을 한다면

많은 아이들이 욕을 합니다. 욕을 하는 이유는 다양해요. 다른 사람이 욕하는 것을 보고 그냥 따라서 하는 것일 수도 있고 욕을 했을 때 상대방이 보이는 반응이 재미있어서 하는 것일 수도 있습니다. 화가 났을 때 적절하게 화를 표현하는 방법을 몰라서 그러는 것일 수도 있고 그저 화를 표현하는 나름의 방법일 수도 있습니다. 초등학교 저학년 아이라면 욕이 상대방을 화나게 하고 상처를 준다는 것을 미처 알지 못할 수도 있습니다. 고학년으로 올라가면 알면서도 일부러 욕을 합니다. 약해 보이기 싫어서 욕을 하기도 하고, 그저 습관적으로 욕을 하기도 합니다.

자기조절능력을 키워야 바른 말, 예쁜 말을 하게 됩니다

말은 자신을 표현하는 방법입니다. 자신이 하는 말에 따라 존중을 받을 수도 있고 반대로 미움이나 무시를 당할 수도 있어요. 아이들은 말을 배우면서 말의 힘도 배워갑니다. 상황에 맞는 적절한 말을 쓰면 갈등을 해소하고 이해를 받고, 때로는 상대방을 설득해서 원하는 바를 얻을 수 있다는 것을 알게 되죠.

아직 미숙한 아이들은 자신이 쓰는 말에 어떤 힘이 있는지 잘 몰라요. 또는 말의 힘을 알면서도 실천에 옮기지 못하고 그냥 생각나는 대로 말을 뱉을 때도 있습니다. 말의 힘을 알고 잘 실천하기까지는 많은 시간과 노력과 훈련이 필요합니다. 자기조절능력을 키워야 말의 힘을 제대로 발휘할 수 있게 됩니다.

✦ 부모의 흔한 실수

아이의 욕에 과잉반응을 보이지 마세요

아이가 욕을 하면 부모는 당황합니다. 아이는 그저 다른 사람을 따라서 하는 것일 수도 있습니다. 그런데 부모가 크게 화를 내면 아이는 주눅이 들게 됩니다. 또 다른 경우, 부모가 당황해

하는 것을 재미있게 여겨서 더 자주 욕을 쓸 수도 있습니다. 특히 다른 행동에 별 관심을 안 보이던 부모가 아이가 욕을 했을 때 과하게 반응하면 아이는 욕으로 부모와의 소통을 시도하려 합니다. 부모의 무관심보다는 부정적인 반응이 아이에게는 자극이 되는 거죠.

부모 자신도 욕을 하지 마세요

아이에게는 욕을 하지 말라고 하면서 부모 자신도 모르게 욕을 하고 있는 것은 아닌가 돌아보세요. 아이가 어디서 저런 말을 배웠을까 싶었는데 알고 보니 부모가 어쩌다 한두 번 한 욕을 아이가 금방 따라 했던 경우가 있었습니다. 아이들은 나쁜 것을 금방 배워요. 아이가 욕을 하지 말고 바른말 고운말을 쓰기 원한다면 먼저 부모가 바른말 고운말을 쓰셔야 합니다.

✦ 이렇게 하세요

욕이 나쁘다는 것을 알려주세요

아이가 욕을 하면 당황하지 말고 담담하게 아이와 이야기를 하세요. 욕을 하면 상대방이 기분 상한다는 것, 욕을 하는 아이는 예의 없다고 무시당할 수 있다는 것을 알려주세요. 그런데도 아이가 욕을 한다면 따끔하게 야단을 치는 것도 좋습니다. 그 자리에서 상대방에게 사과하도록 하세요. 욕을 하면 좋을 게 없다는 것을 배우도록 해주세요.

적당한 감정표현법을 알려주세요

아이가 화가 나서 욕을 하는 거라면 먼저 화난 마음을 읽어주세요. "화가 났구나" 하면서 무엇 때문에 화가 났는지, 어떻게 하면 마음이 풀어질지 이야기해보세요. 그리고 화가 났을 때 욕 말고 할 수 있는 다른 표현들을 알려주세요. "화가 났어" "싫어" 등의 말도 괜찮습니다. 부정적인 말이라고 해도 욕보다는 나은 표현이거든요. 화나 억울함 등의 부정적인 감정을 무조건 억누르거나 욕을 하는 것보다는 자연스럽게 자신의 감정을 말로 표현하는 것이 훨씬 건강합니다.

위험한 상태가 아닌지 찾아보세요.

욕의 저변에는 더 심각한 상태가 숨어 있을 수 있어요. 아이가 화 조절을 못하는 것은 아닌지, 폭력성이 있는 것은 아닌지 살펴보세요. 충동 조절이 어려운 경우, 뚜렛장애가 있는 경우에도 반복적으로 욕을 할 수 있습니다. 만약 욕은 빙산의 일각이고 더 위험한 상태가 느껴진다면 전문가와 상담해보는 것이 좋습니다.

30

게임을 너무 많이 할 때

게임에 빠진 아이는 시간을 정해놓아도 정해둔 시간을 넘기는 것이 예사죠. 게임을 하다 보면 할 일을 등한시하게 됩니다. 장시간 컴퓨터나 스마트폰을 쳐다보고 앉아 있자니 자세가 굽어집니다. 신체 활동이 줄어들어 성장과 발달에도 나쁜 영향을 미칩니다. 다른 좋은 활동이나 공부에서 점점 더 멀어집니다.

게임에 몰입하면 현실감이 떨어져요. 게임에서 만난 다른 사람도 실제 인물이 아니라 컴퓨터나 게임의 일부같이 느껴집니다. 그래서 주위 사람에게는 하지 않을 공격적인 말이나 행동을 거침없이 합니다. 게임 아이템을 사기 위해 친구에게 돈을 빌린

후 갚지 않는 행동을 하기도 합니다.

게임을 조절하는 핵심은 현실과의 균형입니다

아이들의 뇌는 참을성이 약합니다. 다시 말해서 유혹에 약하죠. 그래서 금방 게임에 빠져들고 말아요. 게임을 하는 동안 아이가 명령하는 대로 컴퓨터가 혹은 게임 프로그램이 움직입니다. 움직이라면 움직이고 공격을 하라면 공격을 합니다. 게임 세상에서 아이는 무언가를 창조해내는 절대신과 같습니다. 게다가 잘했을 때 주어지는 즉각적인 보상이 있습니다. 승부욕이나 정복욕도 자극됩니다. 게임이 주는 즐거움은 밋밋한 현실과는 비교가 되지 않습니다.

자기조절능력이 없는 아이, 그래서 현실에서 성취감과 즐거움을 찾기 어려운 아이일수록 게임에 골몰합니다. 단순히 게임에 대한 자제심을 키우는 것으로는 게임에서 벗어나기 어려워요. 아이가 게임을 조절하려면 현실이 즐거워야 합니다. 현실에서 얻는 성취감, 자존감, 자기유능감 같은 것들이 잘 발달해야 게임을 조절하고 현실과 균형을 이룰 수 있습니다.

✦ 부모의 흔한 실수

아이의 자존감을 떨어뜨리지 마세요

현실이 심심하고 우울하고 보잘 것 없을수록 아이는 게임으로 현실의 우울함을 달래려고 합니다. 아이가 게임을 많이 한다고 야단치고 아이를 몰아세우면 현실 속 아이는 자존감이 더 떨어지고, 그 결과 더욱 게임에 매달리게 됩니다. 아이가 게임을 잘 조절하도록 도와주려면 아이의 현실이 더 행복해야 한다는 것을 잊지 마세요.

부모가 게임에 몰입하면 아이도 그렇게 합니다

아이에게는 게임을 하지 말라고 하면서 정작 부모는 게임에 몰입하는 경우가 있습니다. 아이가 부모를 따라서 하는 것도 문제지만 그보다 더 큰 문제는 부모가 아이와 함께하는 시간이 줄어들게 된다는 거예요. 결국 아이의 현실이 더욱 빈곤해져서 아이가 현실보다 게임 세상에 빠질 가능성이 높아집니다.

✦ 이렇게 하세요

게임에 대해 구체적인 규칙을 만드세요

아이가 게임을 하는 것을 볼 때마다 "게임 좀 그만해"라고 말하는 식으로 원칙 없이 제재하는 것은 별로 효과가 없습니다. 아이와 함께 게임에 대해 구체적인 규칙을 만드세요. 예를 들어, 할 일을 마치고 한 시간 게임하기 또는 주말에만 두 시간 게임하기 이렇게 시간을 정합니다. "정해진 시간이 지나면 2분마다 한 번씩 시간이 지났다고 말할 거야. 세 번 말하기 전에 중단하는 거야"라고 미리 규칙을 정하세요. 아이가 게임을 마치기 어려워하면 스피커를 끄거나 이어폰을 빼는 식으로 개입합니다. 소리를 없애면 게임 세계에 몰입해 있던 아이가 현실감을 되찾는 데 도움이 됩니다.

규칙을 정했으면 일관성 있게 실행하세요. 규칙을 실행할 때는 감정적으로 대응하지 마세요. 그저 사무적으로 확실하게 통보하듯 하는 게 좋습니다.

아이가 현실로 돌아오도록 도와주세요

게임을 마친 아이에게 간단한 체조 등으로 현실감을 찾을 시간을 주세요. 무슨 게임을 어떻게 했는지 게임에 대한 이야기를 나누고, 다음 일정이나 할 일 등에 대해서도 대화를 해서 아이가 현실로 돌아오도록 도와주세요.

현실감을 유지할 수 있도록 해주세요

아이 혼자 고립된 공간에서 게임을 하면 현실감을 갖기 더 어렵습니다. 아이가 자기 방에서 게임을 할 때 방문을 열어놓으세요. 거실에서 게임을 하도록 하는 것도 방법입니다. 부모님이 같이 있는 것이 좋습니다.

아이의 현실이 즐겁도록 해주세요

아이에게 게임이 현실의 탈출구가 되지 않도록 아이와 다양한 활동을 하고 놀이를 하세요. 함께 마트 쇼핑을 가거나, 새로 생긴 공원에 갈 계획을 세웁니다. 아이가 가족과 어울리는 것에 흥미를 갖도록 해주세요. 아이가 현실에서 하는 일들을 관심 있게 보고 칭찬과 격려를 해주세요. 현실이 즐겁고 재미있을수록 아이는 게임과 현실 사이에 균형을 맞추는 자기조절능력이 커집니다.

게임중독은 아닌지 확인해보세요

아이는 단순히 게임을 과하게 즐기는 것이 아니라 중독 상태일 수 있습니다. 게임중독에 빠진 것은 아닌지 확인해보세요. WHO에서는 게임장애를 일종의 질병으로 인정했습니다. 만약 아이가 게임중독이라면 전문가를 만나 상의하는 것이 좋습니다.

WHO에서 정의한 게임장애

다음과 같은 게임 행동이 나타날 때 게임장애라고 합니다.

- [ ] 게임에 대한 통제력에 손상을 입는다.
- [ ] 다른 활동보다 게임에 우선순위를 두어서 다른 흥미와 일상활동보다 게임을 우선한다.
- [ ] 부정적인 결과가 발생함에도 불구하고 게임을 지속하거나 더 많이 한다.
- [ ] 이런 행동 때문에 개인적, 가족적, 사회적, 교육적, 직업적 혹은 다른 중요한 기능에 심각한 장애를 초래한다.
- [ ] 이런 행동이 12개월 이상 지속된다.

31

뻔한 거짓말을 할 때

아이는 거짓말을 많이 합니다. 발달상의 한 과정이죠. 논리적이지 못하고 단순해서 금방 탄로 날 거짓말을 쉽게 합니다. 자기중심적이기 때문에 당장 곤란한 일을 모면하려고 깊은 생각 없이 거짓말을 합니다. 아이가 치밀하게 계획해서 거짓말을 하는 경우는 거의 없습니다. "숙제 했니?"라고 묻는 부모에게 "네"라고 대답해놓고 잠시 후에 다시 "숙제 했어?"라고 물어보면 "이제 하려고요"라고 대답하기도 합니다.

아이는 말을 통해 다른 사람과 관계를 조정하는 방법을 배우는 중입니다. 해도 되는 말, 하면 안 될 말, 해야 하는 거짓말, 하면 안 되는 거짓말 등을 배워야 하죠. 해야 하는 거짓말이 있느냐고요? "괜찮아요"라고 말하는 어른들을 생각해보세요. 괜찮지 않을 때라도 "괜찮아요." 하면서 상대방을 안심시키곤 하잖아요. 늙고 병약한 부모님께 "오늘은 얼굴이 좋아 보이세요"라고 말하는 것이 나쁜 의도의 거짓말이라고 볼 수는 없죠. 생각대로 다 말하는 것이 꼭 좋은 것은 아닙니다.

오히려 거짓말을 전혀 못 해서 문제가 되는 아이도 있습니다. 엘리베이터에서 만난 이웃 할머니에게 "얼굴에 왜 이렇게 주름이 많아요?" 같은 말을 아무렇지 않게 한다고 생각해보세요. 엘리베이터 안 분위기가 갑자기 썰렁해질 것입니다.

아이는 자신의 생각대로 말해야 할 때도 있지만 생각과 다른 말을 해야 할 때도 있다는 것을 배워야 합니다. 거짓말을 가르치라는 것이 아니에요. 말에는 상대방에 대한 배려, 신의, 관계를 좌우하는 복잡한 기능이 있다는 것을 아이가 배워가야 한다는 것입니다.

말을 조절할 수 있어야 합니다

거짓말이 문제가 되는 것은 거짓말로 상대방을 속여서 이득을 취하거나 곤경에 빠뜨릴 때입니다. 상대방은 배신감을 느끼고 거짓말을 한 사람을 믿지 않게 됩니다. 한번 잃은 신용은 다시 찾기 어려워요. 이런 거짓말은 아이에게 해가 되는 나쁜 거짓말입니다.

아이가 나쁜 거짓말을 하지 않으려면 자신이 하는 말의 결과를 생각하는 힘, 나쁜 거짓말로 위기를 모면하고 뭔가를 얻고 싶어도 자제할 수 있는 힘을 길러야 해요. 말이 관계에 미치는 영향을 이해하고, 말을 조심해서 하고, 나쁜 거짓말을 피하고 참는 능력은 하루아침에 생기지 않아요. 꾸준히 가르쳐야 조금씩 달라집니다. 아이는 말에 대한 자기조절능력을 배우면서 배려심 있고 정직한 아이로 자라게 됩니다.

✦ 부모의 흔한 실수

거짓말했다고 너무 혼내지 마세요

부모는 아이에게 "거기서 그렇게 말하면 어떻게 해?" "주신다고 덥석 받으면 되니? '괜찮습니다' 해야지" 등 예의와 배려에

관해 통상적으로 하는 말들을 가르칩니다. 아이는 때로는 속마음을 이야기하면 안 된다는 것을 배우게 됩니다. 그런데 손 씻었냐는 부모의 물음에 별 생각없이 "네"라고 대답한 아이에게 부모가 크게 화를 내면서 쥐 잡듯이 몰아세웁니다. 단순한 아이는 그 이유가 거짓말을 했기 때문이라기보다 거짓말을 들켰기 때문이라고 생각할 수 있습니다. 다음에는 들키지 않기 위해 더 세밀한 거짓말을 할 거예요. 혼만 내서는 아이가 거짓말에 대해 생각하는 힘을 키울 수가 없습니다.

부모 자신이 거짓말을 하지 마세요

부모가 아이를 달래거나 속이려고 거짓말을 하면 아이도 부모를 따라서 하게 됩니다. 아이와 한 약속은 꼭 지키도록 하세요. 부모가 아이 앞에서 다른 사람에게 거짓말을 하는 모습도 아이는 배우게 됩니다. 아이 앞에서는 특히 신경 써서 정직한 모습을 보이세요.

✦ 이렇게 하세요

아이의 거짓말에 대처하는 구체적인 방법

아이는 조그만 어려움도 견딜 힘이 약하기에 무조건 피하려고 거짓말을 하기도 해요. 아이가 두려움이나 불안, 괴로움 때문에 거짓말을 한다면 먼저 아이를 보듬어주세요. "놀고 싶어서 거짓말을 했구나" 혹은 "혼날까 봐 무서워서 거짓말을 했구나" 이렇게 마음을 읽어주세요. 그리고 "엄마 아빠는 네가 거짓말쟁이가 될까 봐 겁이 나"라고 부모의 걱정을 말해주세요.

그다음에 꼭 해야 할 일은 아이가 애초에 피하고자 했던 문제, 불안해했던 문제를 짚고 넘어가는 것입니다. 거짓말 자체에만 집중하고 이 문제를 그냥 넘어가면 아이는 다음에도 거짓말로 그 상황을 피하려 들기 때문이에요. 거짓말로는 원하는 것을 얻을 수 없다는 사실을 학습해야 합니다. 그러니 아이의 마음은 보듬어주되, 아이가 거짓말을 했던 원래의 문제로 돌아가 아이와 이야기해서 마무리를 지으세요. 그 문제가 손을 씻는 것이든, 숙제를 하는 것이든, 어떠한 것이든 말이죠.

나쁜 거짓말과 배려의 차이를 알려주세요

평소에 상대방을 배려하기 위해 하는 말과 상대방을 속이고 이득을 취하거나 위기를 모면하기 위해 하는 나쁜 거짓말의 차이를 생각하도록 해주세요. "네가 거짓말을 했다는 것을 상대방이 알면 기분이 어떨까?" 이런 식으로 상대방의 입장에 공감해 보도록 해주세요. 아이는 나쁜 거짓말이 상대방에게 상처를 준다는 것을 인지하고, 나쁜 거짓말을 구분할 수 있게 됩니다.

32 따돌림을 받을 때

아이들은 다른 사람이 나와 다를 수 있다는 것을 잘 받아들이지 못합니다. 나와 생김새가 다르거나 성향이 다르다는 이유로, 내가 좋아하는 것을 좋아하지 않거나 내가 싫어하는 것을 싫어하지 않는다는 이유로 다른 아이를 배척하기도 하고 배척당하기도 합니다. 옳고 그름에 대한 판단도 미숙하기 때문에 고자질과 신고의 차이도 모릅니다. 따돌림을 받고 언어폭력, 심하게는 신체적인 폭력을 당해도 그것이 부당하다는 사실을 모를 수 있습니다. 누군가 따돌림받는 모습을 보고 그냥 지나치는 것이 비겁한 행동이라는 사실도 모를 수 있습니다. 감정조절이나 표현에 서툴러서 따돌림에서 쉽게 벗어나지 못하는 경우도 많습니다.

자기조절능력을 키워야 따돌림이 사라집니다

따돌림을 받는 아이나 따돌림을 하는 아이 모두 아직 미숙합니다. 감정을 조절하고 표현하는 법, 나와 다른 점이 있는 아이를 포용하는 법, 옳고 그름에 대해 판단하는 법, 부당한 것을 봤을 때 대처하는 법 등에 대해 배워야 합니다. 친구가 맘에 들지 않는 부분이 있어도 넓은 마음으로 수용하고, 자신의 감정을 적절히 표현해서 친구와의 갈등을 풀고 함께 어울리려면 자기조절능력을 키워나가야 합니다. 따돌림을 받는 아이라면 더더욱 감정을 조절하고 표현하는 자기조절능력을 키워야 그 상황에서 벗어날 수 있죠.

✦ 부모의 흔한 실수

대수롭지 않게 넘기지 마세요

아이가 친구들 때문에 힘들다고 할 때 '아이들끼리 그렇게 싸우기도 하면서 크는 거지', 혹은 '아이들이니 장난이 좀 심한가 보지' 하면서 무심코 듣고 넘어가지 마세요. 자신의 말을 귀담아 듣지 않는 부모를 보고 아이는 말해도 소용없다고 좌절하게 됩니다. 따돌림으로 더 크게 괴로울 때조차 부모를 포함해 어른들에게는 말해도 소용없다고 생각할 수 있어요. 자신이 사랑받고 관심받을 가치가 없다고 생각하고 자존감이 떨어질 수도 있고요.

섣부르게 조언을 하지 마세요

"싫으면 싫다고 해" "다른 애가 때리면 너도 같이 때리면 되잖아" 하고 말하는 것은 섣부른 조언일 뿐입니다. 아이가 그런 생각을 미처 못 해서 따돌림을 당하는 것이 아니에요. 알면서도 실천을 못하거나 상황에 맞는 적절한 대처방법을 모를 가능성이 큽니다. 섣부른 조언은 효과가 없습니다.

아이를 비난하지 마세요

"왜 맞고 다녀?" "왜 싫다고 말을 못해?" "네가 그렇게 하니까 다른 아이도 싫어하는 거야" 하면서 아이를 비난하지 마세요. 아이도 맞는 게 싫고 따돌림을 당하는 것이 싫습니다. 그렇지 않아도 괴로운 아이를 비난하는 것은 아이를 더 힘들게 할 뿐이에요.

감정적으로 무작정 직접 개입하지 마세요

아이가 따돌림을 당한다고 하면 화를 내면서 즉각 학교로 달려가 담임 선생님에게 항의하거나, 괴롭히는 아이 혹은 부모를 만나 개입하는 경우가 있어요. 아이는 자칫 고자질쟁이로 몰려서 더 큰 피해를 입을 수도 있습니다. 게다가 중요한 것은 아이가 스스로 따돌림에서 벗어나는 힘을 가지도록 자기조절능력을 키워주는 것입니다. 그래야 다음에도 비슷한 상황에 직면하지 않도록 예방할 수 있거든요.

✦ 이렇게 하세요

공감하고 경청해주세요

먼저 친구들 때문에 힘들다고 하는 아이의 이야기를 주의 깊게 들어주세요. 아이의 괴로움에 '너무 힘들었겠다' 하면서 공감해주세요. 자신이 존중받고 있고 충분한 관심을 받고 있다고 느껴서 아이는 자존감이 올라가고 상황을 이겨 나갈 용기를 얻게 됩니다.

상황을 파악해보세요

아이가 괴로워하는 상황을 잘 살펴보고 누가 주도적으로 괴롭히는지, 어떻게 괴롭히는지, 다른 아이들은 어떻게 동조하거나 방관하는지 알아보세요. 혹시 내 아이가 빌미를 제공하는 것은 아닌지도 눈여겨보세요. 지나치게 소심한 것, 쉽게 흥분하는 것, 다른 아이들이 싫다고 해도 무시하고 같은 행동을 반복하는 것, 까칠하거나 공격적인 것 등이 빌미가 될 수 있습니다. 아이의 말을 잘 들어보고 필요하면 담임선생님, 다른 아이들, 다른 아이들의 부모로부터 정보를 얻으세요.

위험하거나 심각하다면 즉각 개입하세요

다른 아이들이 심하게 공격적이거나 아이의 스트레스가 심각한 상황이라면 즉각 개입하세요. 담임 선생님에게 도움을 청하거나 괴롭히는 아이의 부모에게 이야기를 하세요.

다른 아이와 어울릴 기회를 마련하세요

다른 아이를 초대하거나 놀이터에서 다른 아이들과 어울릴 기회를 마련해서 친구를 사귀는 기회로 엮어보세요. 다른 아이들과 노는 아이의 모습을 관찰하면 따돌림을 받을 빌미가 되는 행동에 대해 단서를 얻을 수 있을 거예요. 아이에게 친구와 잘 지내는 방법에 대해 직접 조언을 할 수도 있습니다.

따돌림에 대항하는 구체적인 방법을 알려주세요

따돌림받는 상황에 대해 충분히 파악되었다면 그에 맞는 대응 행동에 대해 아이에게 구체적으로 가르쳐주세요. 과잉반응을 보이는 아이는 쉽게 공격의 목표가 됩니다. 친구가 괴롭힐 때 무시하는 것도 한 방법입니다. 감정을 다스리고 무심하고 당당하게 대응하도록 알려주세요. 아이의 충동성, 공격성이 문제가 된다면 참는 법을 알려주세요. 선생님에게 도움을 청하는 방법도 알려주세요. 선생님께 말씀드리는 건 친구의 나쁜 행동에 대해 신고를 하는 것이지 고자질을 하는 것이 아니라고 말이죠.

자기조절능력을 키우는 초등학생 훈육 원칙

아이는 많은 잘못을 하고 실수를 합니다. 아직 모르고 미숙한 게 많기 때문이에요.. 잘못한 아이를 실컷 혼내고 때려서 울리는 것으로 끝난다면 아이의 자기조절능력은 성장하지 못합니다 아이가 잘못을 했다면 자기조절능력을 키울 기회로 삼아야 합니다. 자기조절능력을 키우는 훈육 방법에 대해 정리해보겠습니다.

하지 말아야 할 것

감정적으로 훈육하지 마세요

부모가 흥분한 상태면 애초에 하려던 것보다 더 심한 체벌이나 말을 할 가능성이 높아요. 그런 훈육은 아이의 자기조절능력은 키우지 못하면서 그저 자존심에 상처를 내고 억울한 마음만 키울 수 있습니다. 훈육을 통해 아이의 자기조절능력이 크길 바란다면 먼저 부모의 감정부터 잘 다스려야 합니다.

아이의 인격을 깎아내리지 마세요

"너는 왜 그러니?" "네가 늘 그렇지" 이런 식으로 아이의 자존심을 건드리는 말을 하지 마세요. 잘된 훈육은 아이의 자존감을 높이고 자기조절에 대한 동기를 부여합니다. 아이의 인격을 깎아내리면 아이는 잘하려는 의지가 떨어집니다. 자기조절능력에 대한 가장 강력한 동력은 자존감에서 나온다는 것을 잊지 마세요.

일반화하지 마세요

"넌 항상 그렇잖아" 하면서 아이의 실수나 잘못을 일반화하지 마세요. 이전에 있었던 잘못을 줄줄이 나열하고 같은 말을 반복하면 아이는 무엇을 고쳐야 하는지 혼란스럽습니다. 나중에는 혼이 났다는 것만 기억하지 무엇 때문에 혼이 났는지, 무엇을 고쳐야 하는 건지는 모르고 넘어갈 수 있습니다. 혼을 낼 때는 고쳐야 할 지금의 행동 하나에 집중할 수 있도록 해주세요.

너무 장황하게 이야기하지 마세요

아이의 집중력은 어른에 비해 짧아요. 오랜 시간 아이를 붙잡고 훈육하는 것은 효과가 떨어집니다. 어떤 행동을 고쳐야 하는지, 왜 고쳐야 하는지, 어떻게 해야 하는지에 대해서는 평소에 미리 아이와 이야기를 나누세요. 그리고 막상 훈육을 할 때는 짧고 간결하게 하세요.

"아침 먹고 나서 양치질하기로 했지. 엄마 아빠가 세 번 이야기했는데 양치질을 안 하니까 약속한 대로 텔레비전은 못 보는 거야" 이런 식으로 간결하게 이야기하면 됩니다. 약속한 대로 꼭 실행하세요. 항의하는 아이를 설득하느라 말이 길어지면 아이는 타협의 여지가 있다고 생각하고 더 거세게 항의할 수도 있습니다. 결국 서로 흥분하고 감정이 상해서 애초에 기대했던 훈육 효과가 없어질 거예요.

한 번 혼냈다고 고칠 거라고 기대하지 마세요

어른도 작심삼일일 때가 많지 않나요? 굳게 결심했다가도 실수하는 것이 사람입니다. 게다가 아이의 자기조절능력은 하루아침에 크지 않습니다. 아이는 같은 실수를 반복합니다. 그렇다고 훈육이 효과가 없는 것은 아니에요. 일관성 있게 꾸준히 훈육을 하면 아이도 서서히 바뀝니다. 참을성을 가지고 반복해서 훈육하세요.

체벌을 하지 마세요

아이를 훈육할 때 체벌은 얻는 것보다 잃는 것이 훨씬 많습니다. 특히 부모가 화가 난 상태에서 체벌을 하면 사랑의 매가 아니라 가혹한 학대가 될 뿐이죠. 아이는 체벌을 하는 부모를 보고 상황에 따라 폭력도 사용할 수 있다는 것을 배우게 됩니다. 그래서 체벌은 아이를 더 공격적으로 만듭니다.

✦ 이렇게 하세요

훈육의 기준을 정할 때 아이와 상의하세요

아이는 수도 없이 잘못하고 실수를 합니다. 그 모든 일에 일일이 야단을 치면 아이는 기가 죽을 수밖에 없어요. 시도 때도 없이 잔소리를 하다 보면 정작 중요한 잘못에 훈육을 할 때 효과가 떨어질 수 있습니다.

먼저 아이가 꼭 고쳐야 할 행동 몇 가지를 아이와 같이 정해 보세요. 아이도 자신의 입장과 생각이 있을 거예요. 아이의 의견을 들어보며 고쳐야 할 행동 몇 가지를 정하고, 꼭 고쳐야 하는 이유에 대해 이야기를 나누세요. 고쳤을 때의 상과 고치지 못했을 때의 벌에 대해서도 미리 정하세요.

훈육의 기준은 구체적이어야 합니다

말을 안 들어서, 예의 없게 행동해서 혼낸다는 식의 훈육은 효과가 떨어집니다. 기준이 애매하니 아이는 혼이 난 후에도 억울한 마음만 들 수도 있습니다. '아침식사 후 양치하기' '양치하라고 세 번 말하기 전에 알아서 양치하기' 이런 식으로 구체적으로 고쳐야 할 행동을 정하는 것이 좋습니다.

훈육은 그때그때 하세요

일주일 전에 잘못했던 일을 오늘에야 야단을 치면 안 됩니다. 부모는 참을 만큼 참다가 오늘 폭발했다고 이야기할 수 있어요. 그러나 아이 입장에서 일주일 전의 일은 잘 기억조차 안 납니다. 훈육이 효과적이려면 그때그때 이루어져야 합니다.

일관성을 유지하세요

부모의 기분이나 상태에 따라 기준이 달라지면 아이는 혼란스럽습니다. 어제는 그냥 넘어갔던 일인데 오늘 갑자기 혼이 난다면 아이는 억울하고 화가 날 거예요. 자기조절능력을 기르는 데 들어갈 에너지가 엉뚱한 화 에너지로 분출되어버립니다. 일관성이 없으면 훈육의 효과가 떨어집니다. 일관성을 유지하세요.

생각하는 힘을 길러주세요

훈육의 목표는 아이를 혼내는 것이 아니라 아이의 자기조절능력을 키우는 것입니다. “하지 마” “넌 왜 그러니?” 같은 막연한 비난으로는 자기조절능력을 키울 수 없어요. 왜 혼이 나는지, 그 행동을 왜 고쳐야 하는지 아이가 충분히 이해하도록 도와주세요. 단순히 하지 말라고 말하기보다는 어떻게 행동해야 하는지 알려주세요. 왜 그렇게 해야 하는지도 아이와 이야기하세요. 아이가 생각하는 힘이 자랄수록 자기조절능력도 자라게 됩니다.

초등 자기조절능력의 힘

초판 1쇄 발행 2021년 7월 7일
초판 2쇄 발행 2021년 8월 17일

지은이 · 신동원
발행인 · 이종원
발행처 · (주)도서출판 길벗
출판사 등록일 · 1990년 12월 24일
주소 · 서울시 마포구 월드컵로 10길 56(서교동)
대표 전화 · 02)332-0931 | 팩스 · 02)323-0586
홈페이지 · www.gilbut.co.kr | 이메일 · gilbut@gilbut.co.kr

기획 및 책임편집 · 황지영(jyhwang@gilbut.co.kr) | 제작 · 이준호, 손일순, 이진혁 | 영업마케팅 · 진창섭, 강요한
웹마케팅 · 조승모, 송예슬 | 영업관리 · 김명자, 심선숙, 정경화 | 독자지원 · 송혜란, 윤정아

디자인 · 어나더페이퍼 | 교정교열 · 김서윤 | CTP출력 및 인쇄, 제본 · 상지사

ISBN 979-11-6521-602-3 03590
(길벗 도서번호 050146)